Schleswig-Holsteins Küsten im Wandel
Von der Eiszeit zur globalen Klimaerwärmung

Von Dirk Meier

BOYENS

KLEINE SCHLESWIG-HOLSTEIN-BÜCHER · BAND 58

Herausgegeben von der
Provinzial Nord Versicherungsgruppe, Kiel

Wissenschaftlicher Betreuer: Prof. Dr. Dieter Lohmeier

Schutzumschlag:
Landunter im nordfriesischen Wattenmeer
Luftbild: Walter Raabe; Grafik und Foto: Dirk Meier

BOYENS
BUCHVERLAG

ISBN 978-3-8042-1225-1

Inhalt

Vorwort

Dieses „Kleine Schleswig-Holstein-Buch" schildert in Grundzügen die Landschaftsentwicklung der Nord- und Ostseeküste, fragt nach der Auseinandersetzung des Menschen mit seiner Umwelt im Spiegel der Zeit, seinem Einfluss auf die Küstenlandschaft und nach der weiteren Entwicklung an einem Wendepunkt des globalen Klimageschehens auf der Basis der Szenarien, wie sie der UN-Klimarat am 2. Februar 2007 veröffentlichte. Wir fragen in diesem Buch nach der Zuverlässigkeit und Bewertung solcher Klimaszenarien im Verhältnis zur Umweltgeschichte seit dem Ende der letzten Eiszeit, denn immer wieder mussten sich die Menschen dem natürlichen Umweltwandel anpassen, der an den Küsten eng mit dem Verhalten des Meeresspiegels verbunden ist. Nur die Dimensionen sind aufgrund des Bevölkerungswachstums und des Grades der Industrialisierung auf der Erde völlig andere.

Schon immer siedelten Menschen im natürlichen Gefahrenbereich, an der Nord- und Ostsee auch in den potentiell überfluteten Gebieten. Blieben die Siedler vor allem in den Nordseemarschen über einen langen Zeitraum von den Naturgewalten abhängig, schützten sie sich später durch den Bau von Warften und Deichen vor den Sturmfluten und formten aus dem Naturraum weiter Salzwiesen und Moore eine Kulturlandschaft. An der Ostseeküste mit ihren Förden und Buchten entstanden Hafenstädte. Wirtschaft und Handel wuchsen, mit der zunehmenden Industrialisierung seit 1850 stiegen aber auch die Umweltprobleme. Seit dem 20. Jahrhundert trägt vor allem der Energiehunger nach fossilen Brennstoffen zu einer starken Zunahme der Treibhausgase, zur Klimaerwärmung und damit zum globalen Meeresspiegelanstieg bei. Wie wir auf diese von uns selbst mitverursachten Klimaänderungen reagieren, hängt von uns ab.

Mein Dank gilt Dr. Jacobus Hofstede, Ministerium für Landwirtschaft, Umwelt und ländliche Räume des Landes Schleswig-Holstein, für Auskünfte zum heutigen Küstenschutz, Frau Dr. Katja Woth, GKSS, zu den Sturmflutprognosen, Prof. Dr. Dieter Lohmeier, Kiel, für das Lektorat, ebenso wie Bernd Rachuth, Verlagsleiter des Boyens-Buchverlages in Heide, sowie der Provinzial für die Aufnahme dieses Manuskriptes in die Reihe der „Kleinen Schleswig-Holstein-Bücher".

Dirk Meier

| Altmoräne Hohe Geest | Jungmoräne Hohe Geest | Sander Niedrige Geest | Hochmoor | Niedermoor Höftland | Marsch | Sand, Nehrung |

Die Nordseeküste Schleswig-Holsteins prägen westlich der Altmoränen der vorletzten Eiszeit Seemarschen und das davor liegende Wattenmeer. Die Ostseeküste formen hingegen Jungmoränen der letzten Eiszeit. Buchten und Förden reichen weit in das Landesinnere. Grafik: Dirk Meier

1. Einleitung: Klimawandel und Küste

Schleswig-Holstein ist ein Land zwischen den Meeren mit zwei völlig verschiedenen Küsten. Die Westküste prägen von Prielströmen durchzogene Watten, Sände, Marsch- und Geestinseln, Halligen und Festlandsmarschen Nordfrieslands, Eiderstedts und Dithmarschens. Mit Ausnahme des Geestvorsprunges bei Schobüll sichern Deiche die Festlandsküste ebenso wie die Inseln. Im Osten grenzen die Festlandsmarschen an die Schuttablagerungen (Altmoränen) der vorletzten Eiszeit. Ebbe und Flut sind die gestalterischen Kräfte der täglichen Dynamik des ökologisch wertvollen Wattenmeeres. Ganz anders als die flache Wattenmeerlandschaft ist die Topographie der Ostseeküste. Förden und Buchten reichen hier zwischen den teilweise Steilküsten ausprägenden Jungmoränen der letzten Eiszeit weit in das Landesinnere. Ebbe und Flut machen sich hier weniger bemerkbar, und auch die Sturmfluten haben nicht die Gewalt wie an der Nordseeküste.

Nord- und Ostsee als Randmeere des Atlantiks liegen in mittleren Breiten im Übergangsbereich zwischen dem europäischen Kontinent und dem Ozean. Westliche Winde bei mildem, maritimem Klima herrschen vor, werden aber oft durch blockierende Ostwindlagen verdrängt. Während die Nordsee aufgrund ihrer offenen Beckenform einen direkten Wasseraustausch mit dem Nordatlantik hat, gilt das für die Ostsee nicht in gleichem Maße. Das über den Skagerrak zwischen Norddänemark und Norwegen herein- und herausströmende Wasser zwängt sich weiter durch die Meerengen des Kleinen Belt zwischen Jütland und der dänischen Insel Fünen, durch den Großen Belt zwischen Fünen und Seeland sowie durch den Öresund zwischen Seeland und Südschweden. Diese Topographie der Ostsee in einem so stärker abgeschlossenen Becken bewirkt eine lange Verweilzeit des Wassers und einen nur geringen Austausch mit der Nordsee.

Szenarien einer globalen Klimaerwärmung und des dadurch verursachten Meeresspiegelanstiegs wirken sich aufgrund von dessen Lage – wenn auch nicht in demselben Maße wie in anderen Küstengebieten – auch auf Schleswig-Holstein aus, denn ohne künstliche Küstensicherung wäre fast ein Viertel der schleswig-holsteinischen Landesfläche bei Hochwasser gefahrdet. Als der UN-Klimarat am 2. Februar 2007 in Paris mit der Vorlage des jüngsten Reports des International Panel on Climate Change (IPCC), dem etwa 2500 Wissenschaftler zuarbeiten, vor einem beschleunigten Treibhaus-Effekt warnte, einen weiteren Anstieg des Meeresspiegels prognostizierte und eine Zunahme der Temperaturen bis 2100 um wahrscheinlich drei Grad Celsius vorhersagte, reagierten nicht nur in Schleswig-Holstein Medien und Politik heftiger als früher. Kaum eine Zeitung, ein Radiosender oder ein Fernsehprogramm, das sich nicht mit diesem Thema beschäftigte.

Der Klimaberater der Bundesregierung, Prof. Dr. Hans Joachim Schellnhuber, Direktor des Potsdamer Institutes für Klimafolgenforschung, hielt in der Frankfurter Rundschau vom 2. Februar 2007 gar die Prognosen des IPCC noch für zu niedrig. Diese gehen von einem Meeresspiegelanstieg von durchschnittlich 30 cm bis 2100 aus, während Schellnhuber 1 m bis 2100 annimmt. Verlagerte Meeresströmungen könnten das Wasser in der Deutschen Bucht sogar noch weiter ansteigen lassen. Der Verbrauch fossiler Brennstoffe ist seiner Meinung nach langfristig so klimarelevant, dass selbst bei drastischen Klimaschutzmaßnahmen die Temperatur noch in 10 000 Jahren um zwei Grad erhöht sein könnte.

Der Meterologe Karsten Brandt vom Wetterdienst in Bonn winkt ab. Gegenüber der Dithmarscher Landeszeitung betonte er am 2. Februar 2007, dass diese Horrorszenarien für Deutschland wissenschaftlich nicht belegbar seien. Zwar bestätigt auch er die Gefahr einer im Wesentlichen durch den Menschen verursachten globalen Erderwärmung. Allerdings widerspricht er der Aufassung, dass sich die Folgen für Deutschland schon bemerkbar machten. Die Stürme seien gar nicht häufiger geworden. Hingegen meinte dazu Prof. Dr. Martin Claußen, Leiter des Hamburger Max-Planck-Institutes, in der gleichen Zeitung, dass die Aussagen der Klimaszenarien aber differenzierter als früher seien und die Stürme nur in gewissen Regionen zunähmen. Dr. Lars-Christian Schanz vom Deutschen Zentrum für Luft- und Raumfahrt (DLR) pflichtete zwar Brandt bei, dass die Zahl der Stürme absinke, wies aber darauf hin, dass aber deren Intensität zunehme.

Auf was müssen wir uns in der Zukunft einstellen? Wird es mehr Stürme und Orkane an der Nord- und Ostseeküste geben? In diesem „Kleinen Schleswig-Holstein-Buch" stellen wir die Szenarien in verständlicher Weise der historischen Umweltentwicklung gegenüber, fragen nach der Entstehung der Nord- und Ostseeküste, ihrer natürlichen Veränderung, den Auswirkungen der großen Sturmfluten, der Beeinflussung der Naturlandschaft durch den Menschen und deren Umformung in eine Kulturlandschaft.

Der Blick zurück ist notwendig, denn der Klimawandel unterliegt auch natürlichen langfristigen und kurzfristigen Veränderungen mit globalen, regionalen oder lokalen Auswirkungen. Ein Klimaunterschied von nur fünf Grad Celsisus etwa ist verantwortlich für den Wechsel von einer Kalt- zu einer Warmzeit oder umgekehrt. Während die Saale-Eiszeit (etwa 245 000 bis 130 000 Jahre vor heute) mit ihren maximalen Eisvorstößen auch den Westen Schleswig-Holsteins unter sich begrub, war während der Weichsel-Eiszeit (etwa 115 000 bis 11 560 Jahre vor heute) nur der östliche Teil Schleswig-Holsteins und Jütlands von Eis bedeckt. Die Gletscher führten gewaltige Schuttmassen mit sich, die nach dem Auftauen als Moränen aus Sand, Lehm und Gesteinsschutt zurückblieben. So entstanden die Altmoränen

Entsprechend der Tide mit dem Wechsel von Ebbe und Flut fällt das Watt trocken und wird wieder vom Meer überschwemmt. Das Luftbild zeigt die Hallig Südfall, den Prielstrom der Norderhever und die Insel Pellworm. Foto: Walter Raabe

An vielen Stellen der Ostseeküste, wie hier bei Langholz an der Eckernförder Bucht, bilden die Jungmoränen der letzten Eiszeit romantische Kliffs und Steilufer. Foto: Dirk Meier

der vorletzten Eiszeit im Westen und die Jungmoränen der letzten Eiszeit im Osten des Landes. Der Vorstoß und das Abtauen der Eismassen erfolgten dabei nicht eindimensional, Rückzugsphasen und erneutes Vordringen wechselten sich ab. Befreit von den Gletschermassen hebt sich Skandinavien noch heute, während das südliche Nord- und Ostseebecken ein altes tektonisches Senkungsgebiet ist.

Besonders sprunghaft verhielt sich das Klima am Ende der letzten Eis- und frühen Nacheiszeit zwischen 13 000 und 9500 v. Chr., wo sich Warm- und Kaltphasen (Interstadiale und Stadiale) während der Zeit der Rentierjäger abwechselten. Eine erste, ca. 500 Jahre während Erwärmungsphase (Meiendorf-Interstadial) unterbrach um 12 000 v. Chr. einen nur etwa 100 Jahre dauernden kühleren Abschnitt (Ältere Tundrenzeit), dem ab 11 900 v. Chr. eine ungefähr 1100 Jahre während warme und feuchte Periode folgte. Während dieses Alleröd-Interstadials wanderten Birke und Kiefer aus ihren südlichen Refugien in Norddeutschland wieder ein. In lichten Wäldern lebten erstmals Rothirsche, Elche, Fuchs und Biber. In der Jüngeren Dryaszeit zwischen 10 800 und 9600 v. Chr. kehrten innerhalb kurzer Zeit für ca. 1200 Jahre kaltzeitliche Bedingungen nach Mitteleuropa zurück. Ursache der raschen Abkühlung innerhalb nur eines Jahrzehnts am Beginn der Jüngeren Dryaszeit, in denen es in höheren Breiten der nördlichen Erdhalbkugel wiederum zu Vergletscherungen kam, war vermutlich eine Störung oder Unterbrechung des sog. thermohalinen Kreislaufs („Golfstrom") durch rasch abschmelzende Gletscher infolge der vorangegangenen Wärmeperiode des Bölling-Alleröd-Interstadials. Möglicherweise hatte sich hinter dem Eisriegel der Hudson-Bay viel Schmelzwasser angesammelt, das aufgrund des höheren Geländes nicht nach Süden abfließen konnte. So ergossen sich auf einen Schlag ungeheure Süßwassermengen in den Nordatlantik und stoppten den thermohalinen Zyklus. Erst eine neuerliche Abkühlung beendete die Süßwasserzufuhr durch das schmelzende Eis und der Kreislauf kam wieder in Gang. Diese Theorie erklärt jedoch nicht, warum sich das Klima auf der Südhalbkugel früher abkühlte. Richard Firestone nahm im Mai 2007 auf einer Tagung der „American Geophysical Union" an, dass in dieser Zeit über dem nördlichen Kanada ein Meteorit explodiert sei, der zahlreiche Waldbrände ausgelöst habe, wodurch die Sonneneinstrahlung verhindert wurde.

Während der Jüngeren Dryaszeit breitete sich in Nordeuropa eine offene Tundralandschaft aus, und Rentierherden durchzogen den Raum von Skandinavien bis zur Mittelgebirgszone. Um 9600 v. Chr. wurde es dann während des Präboreals schnell wärmer. Infolge der Wiederbewaldung verschwanden die Rentierherden. Zwischen 7000 und 6000 v. Chr. kam es zu einer Massenausbreitung der Hasel, deren Nüsse das Nahrungsangebot der an Seen und Küsten lebenden Jäger und Sammler bereicherten. Das wär-

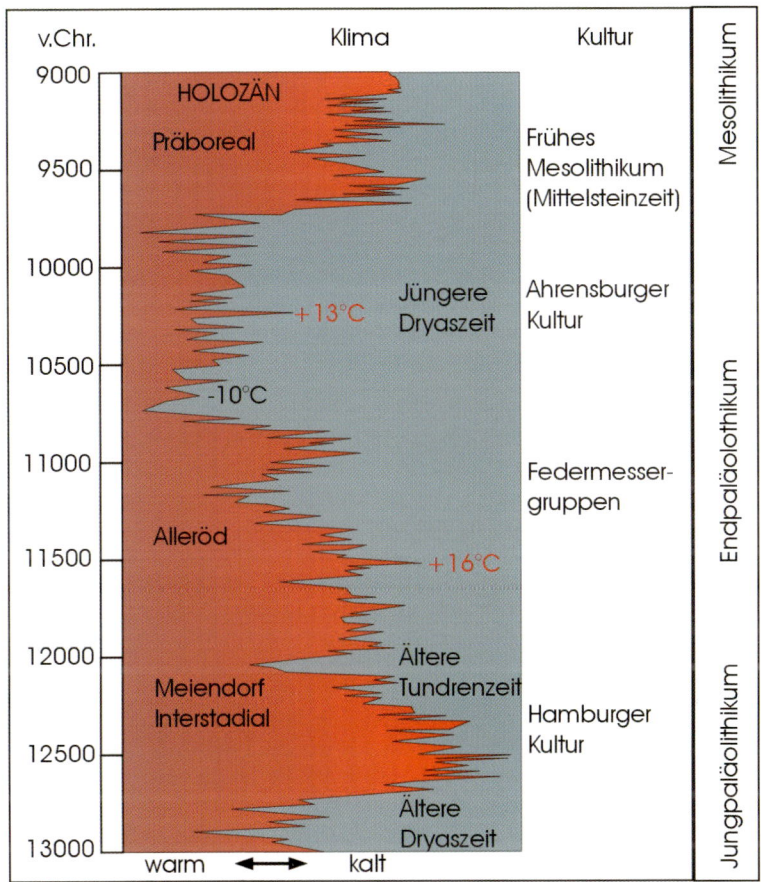

v.Chr.	Klima	Kultur	
			Mesolithikum
9000	HOLOZÄN		
	Präboreal	Frühes Mesolithikum (Mittelsteinzeit)	
9500			
10000		Jüngere Dryaszeit Ahrensburger Kultur	Endpaläolithikum
10500	+13°C -10°C		
11000		Federmesser-gruppen	
11500	Alleröd +16°C		
12000		Ältere Tundrenzeit	Jungpaläolithikum
12500	Meiendorf Interstadial	Hamburger Kultur	
13000		Ältere Dryaszeit	
	warm ◄──► kalt		

Das Klima am Ende der letzten Eis- und frühen Nacheiszeit verhielt sich be-sonders sprunghaft. In schneller zeitlicher Folge wechselten sich kalte und warme Perioden ab. Auch während des gesamten Holozäns bis heute kam es immer wieder zu Klimaschwankungen. Grafik: Dirk Meier

mere und feuchte Klima des Atlantikums um 6000 v. Chr. verdrängte Hasel und Kiefer, stattdessen fanden sich Linde und Eiche ein.

Neben diesen großklimatischen Änderungen veränderte sich das Klima auch noch geringfügig in den letzten 1000 Jahren. Noch um 1000 hatte die

Bevölkerung Europas vielleicht um die 38 Millionen Menschen umfasst, um 1300 waren es schon doppelt so viele. Eine Zeit des Wachstums, zahlreicher Städtegründungen, einer Expansion des Siedlungsraums und einer intensiven Landnutzung neigte sich ihrem Ende zu. Begünstigt hatte diese Entwicklung eine weitreichende Klimaverbesserung. Die sommerlichen Temperaturverhältnisse im hochmittelalterlichen Europa lassen sich aus der Verbreitung der Weinanbaus erschließen. In England florierte dieser bis zu einer nördlichen Breite von 53 Grad. Wein gedieh auch in Belgien und in Norddeutschland. Im östlichen Alpenvorland lag die Grenze des Weinanbaus etwas über 700 m. Demnach müssen die Sommertemperaturen in England um 0,7 bis 1 Grad Celsius, in Mitteleuropa sogar 1 bis 1,4 Grad höher gewesen sein. Gegen Ende des 13. Jahrhunderts aber begann sich das Klima zu verschlechtern, wenn dieser Prozess auch regional unterschiedlich verlief. In den Schweizer Alpen traten die höchsten Sommertemperaturen in den letzten 1000 Jahren vor allem in der Zeit zwischen 1269 und 1340 auf. Von Beginn des 14. Jahrhunderts an häuften sich kalte Sommer, wie sie bis dahin nicht vorgekommen waren. Von 1340 traten die warmen Sommer völlig zurück, und in den Jahren 1345 bis 1347 folgten drei sehr kalte Sommer hintereinander. Die Reben blühten viel später. Für die Vegetationsverspätung von 1347 gibt es in den Jahrhunderten zuvor keine Parallele: Es war der kälteste Sommer der letzten 700 Jahre! Um 1490 zeichnete sich dann eine deutliche Kaltphase ab, ebenso wie zwischen 1510 und 1520.

Die Kenntnis dieser klimatischen Veränderungen beruht neben der Analyse von Eisbohrkernen des grönländischen Eisschildes auch auf dem Verhalten der Alpengletscher, die sich bei Kälte ausdehnen und bei Erwärmung schrumpfen. Allerdings ist es schwierig, lokale von überregionalen Klimaeinflüssen zu unterscheiden. Markante Wachstumseinbrüche von Bäumen um 1300, 1600 und in der ersten Hälfte des 19. Jahrhundert entsprechen zeitlich sehr gut den Gletscherhochstandsperioden dieser Zeitabschnitte. In den Jahren 1348 bis 1350, also unmittelbar nach dem großen Kälteschock, brach die Pest erstmals wieder in Europa aus und setzte dem seit dem Hochmittelalter anhaltenden demographischen Wachstumstrend ein Ende. Die große Häufigkeit kalter und feuchter Sommer in der Zeit zwischen 1340 und 1380 geht einher mit Gletschervorstößen in den Alpen, wie des Aletschgletschers, und Katastrophenfluten an der Nordseeküste.

Nachdem sich das Klima in Mitteleuropa wieder erwärmt hatte, sank die Temperaturkurve erneut während der Kleinen Eiszeit zwischen etwa 1560 und 1860. Die Niederschläge nahmen um 15 Prozent zu. Die Eiszunge des Grindelwaldgletschers etwa war um 1540 an die 1200 m länger als 1980, um 1600 sogar 1800 m. Nach 1860 schmolz der Gletscher in zwei Etappen bis auf den heutigen Stand zurück. Die Kleine Eiszeit hatte in den Alpen eine um zwei Monate verminderte Vegetationszeit, einen Rückgang des Viehbe-

14

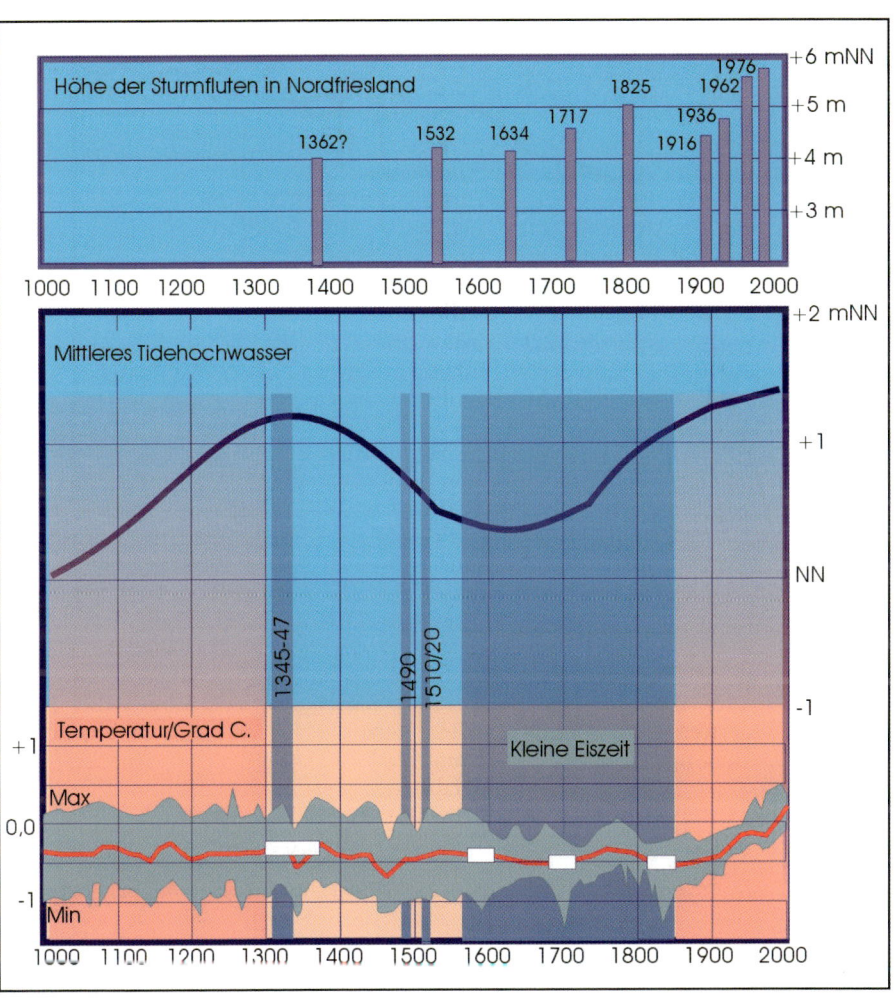

Untere Grafik: Die durchschnittliche Klimakurve der letzten 1000 Jahre mit Maxima und Minima. Die Gletscherhöchststände in den Alpen sind als weiße Balken eingetragen. Mittlere Grafik: Dem Klima entsprechend schwankt auch das Mittlere Tidehochwasser (MThw). So stieg es während des mittelalterlichen Klimaoptimums ebenso wie heute an, während es in der Kleinen Eiszeit absank. Obere Grafik: Während dieser gesamten Zeitspanne, auch zu Zeiten eines niedrigen MThw, kam es zu Sturmfluten. Grafik: Dirk Meier

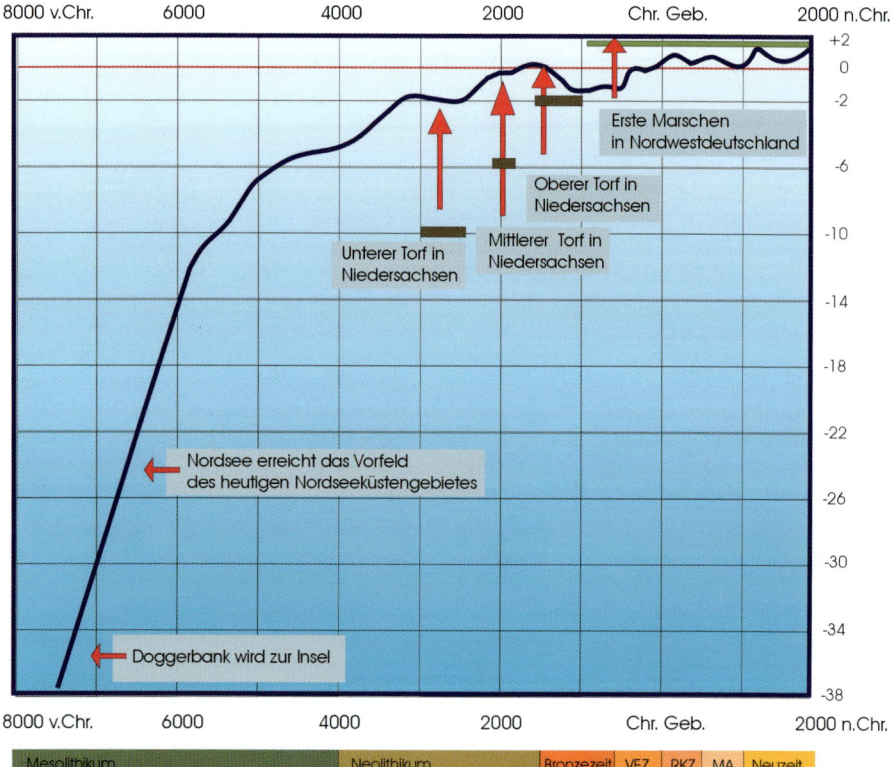

Erste Marschen
in Nordwestdeutschland

Oberer Torf in
Niedersachsen

Unterer Torf in
Niedersachsen

Mittlerer Torf in
Niedersachsen

Nordsee erreicht das Vorfeld
des heutigen Nordseeküstengebietes

Doggerbank wird zur Insel

8000 v.Chr.　　6000　　　4000　　　2000　　　Chr. Geb.　　2000 n.Chr.

| Mesolithikum | Neolithikum | Bronzezeit | VEZ | RKZ | MA | Neuzeit |

VEZ = Vorrömische Eisenzeit; RKZ = Römische Kaiserzeit; MA = Völkerwanderungszeit und Mittelalter

Infolge der nacheiszeitlichen Kimaerwärmung stieg der Meeresspiegel seit 8000 v. Chr. zunächst stark an, und dieser Anstieg verflachte sich dann seit 5000 v. Chr. Grafik: Dirk Meier

standes und der Milchproduktion zur Folge. Klimaverschlechterungen, zunehmende Rodungen und das Bauen im natürlichen Gefahrenbereich hatten aber auch in historischer Zeit Auswirkungen auf die menschliche Siedelweise. Die Einbeziehung der historischen Dimension ergibt somit neue Einsichten in die Zusammenhänge zwischen Naturgeschehen und wirtschaftenden Menschen. Diese klimatischen Schwankungen beeinflussten nicht nur die Alpengletscher, sondern auch die Wasserstandsveränderungen der Ozeane und damit das Verhalten des Meeresspiegels.

16

2. Naturfaktor Klima:
Der nacheiszeitliche Meeresspiegelanstieg und frühe Umwelten von der Steinzeit bis um 1000 n. Chr.

In den beiden nächsten Kapiteln werden wir uns näher mit diesem nacheiszeitlichen Meeresspiegelanstieg, der Auseinandersetzung des Menschen mit dem sich verändernden Küstenraum und den Sturmfluten befassen. Diese Retrospektive dokumentiert dabei die Kräftepotentiale der natürlichen Faktoren des Klima- und Umweltwandels.

Die Nordseeküste

Der letzte große Meeresvorstoß (Transgression) in das Gebiet der heutigen Nordsee begann dabei nach dem Höhepunkt der Weichseleiszeit vor etwa 22 000 Jahren, als der Meerersspiegel 100 bis 120 m tiefer als heute lag. Die Küstenlinie der späteren Nordsee verlief noch weit nördlich der Doggerbank. Die Landschaft prägten flache Moränen- und Sanderflächen. Von Südosten her zog durch den Hamburger Raum das Elburstromtal entlang der heutigen Dithmarscher Küste und südlich von Helgoland vorbei. Mit wärmer werdendem Klima stieg der Meeresspiegel zunächst sehr schnell an, und die nach Süden vorstoßende Nordsee schob infolge des ebenfalls steigenden Grundwasserspiegels einen Vernässungsgürtel mit Mooren vor sich her.

Etwa um 9000 v. Chr. überspülte das Meer eine Schwelle westlich der Doggerbank, umfasste diese von Süden und drang 1000 Jahre später entlang des Auslaufs der Elbe in die Helgoländer Rinne weiter nach Süden vor und breitete sich nach Westen aus. Die höheren Sandgebiete der Doggerbank bildeten nun eine Insel. Zwischen 7700 und 7000 v. Chr. lässt sich auf einen Anstieg des Meeresspiegels um etwa 2,30 m pro Jahrhundert schließen. Die Doggerbank verkleinerte sich in der Folgezeit ständig, bis sie gut 2000 Jahre später verschwand. Noch um 6050 v. Chr. suchten Jäger und Sammler der Mittelsteinzeit die Doggerbank auf. Da sich die mittelsteinzeitlichen Menschen vor allem an den Küsten und Ufern von Seen aufhielten, überflutete das Meer deren Siedelplätze, so dass diese heute unter Meeresablagerungen (Sedimenten) liegen. Als sich die Küstenlinien langsam verschoben, verkleinerten sich zwar die Jagdgebiete, dies bedeutete aber keine Katastrophe. Die wenigen mobilen Menschengruppen passten sich vielmehr den neuen Bedingungen an. Um etwa 7000 v. Chr. brach der Ärmelkanal in die spätere südliche Nordsee durch. Die Mündungen von Rhein, Maas und Themse

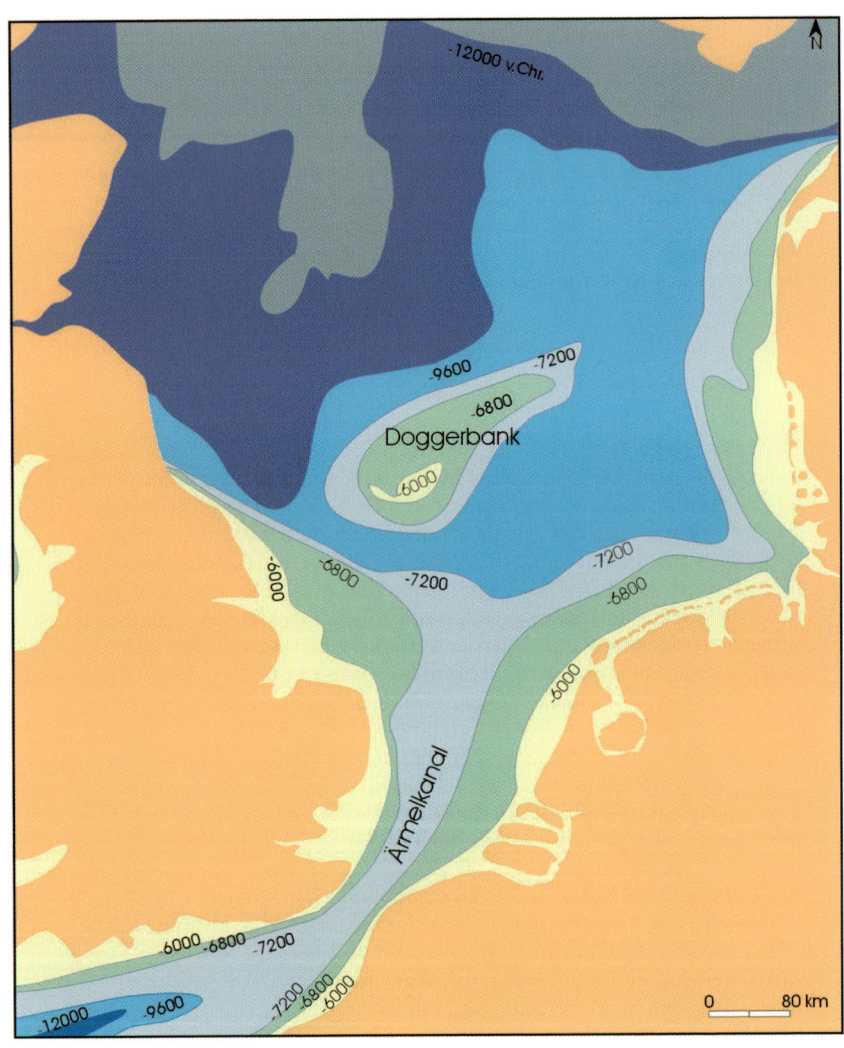

Das vordringende Meer überschwemmte infolge der nacheiszeitlichen Klimaerwärmung das flache Nordseebecken, die Doggerbank wurde um 7200 v. Chr. zur Insel und der Ärmelkanal trennte England vom Kontinent. Um 6000 v. Chr. erreichte das Meer das Vorfeld der heutigen schleswig-holsteinischen Nordseeküste, um 4500 v. Chr. den Geestrand. Grafik: Dirk Meier

schufen hier noch brackige Bedingungen, voll marine Verhältnisse traten erst 6000 v. Chr. ein.

Im Zeitraum von 7000 bis 5000 v. Chr. ging der Meeresspiegelanstieg erheblich zurück, zwischen 5000 und 1500 v. Chr. stieg das Mittlere Tidehochwasser (MThw) nur noch um 20 cm, zwischen 1000 v. Chr. und 2000 n. Chr. um 11,5 cm pro Jahrhundert. In der Zeitspanne des starken Meeresspiegelanstiegs zwischen etwa 9000 und 5500 v. Chr. verschob sich die Küstenlinie mehrere 100 km landeinwärts. Diese Veränderungen der Land-Meer-Verteilung hatte einen erheblichen Einfluss auf die Gezeitenwelle und damit die Höhe des Tidenhubs. Seit 3000 v. Chr. begann sich der Meeresspiegelanstieg stark zu verlangsamen, Phasen eines gedämpften, teilweise sogar stagnierenden Anstiegs und vorübergehende Absenkungen wechselten einander ab. Die einzelnen Meeresvorstöße werden dabei als Transgressionen, die Rückzüge als Regressionen bezeichnet. Während der Regressionen bildeten sich Torfe, die später wieder überschlickt wurden. Lokal verlief diese Entwicklung jedoch sehr unterschiedlich.

In Schleswig-Holstein hatten die am östlichen Schleswig-Holstein frei gewordenen Schmelzwasserströme weite Sanderflächen aufgeschüttet, die sich in Nordfriesland zwischen den höheren Moränenkuppen der vorletzten Eiszeit erstreckten. Dabei reichten in Nordfriesland die Altmoränen weiter nach Westen als in Dithmarschen. Im nordfriesischen Bereich flossen die Schmelzwasserströme in die Nordsee, während sich das Wasser der weiter südlich gelegenen Sanderflächen in den Tälern von Treene, Eider und Elbe sammelte, die über das Elbeurstromtal entwässerten. Im Verlauf des nacheiszeitlichen Meeresvorstoßes drang die Nordsee zunächst in die tiefen Schmelzwassertäler von Eider und Elbe vor, lagerte bis zu 30 m mächtige Sedimente ab und erreichte schließlich um 4500 v. Chr. den Geestrand von Dithmarschen. Die Ränder der im heutigen Küstenbereich bis NN −20 m abfallenden Moränen bedeckte das Meer mit Sanden und Tonen. Die Sohle der nacheiszeitlichen Elbe wurde bei Trischen sogar erst in einer Tiefe von NN −34 m erfasst. Als die Nordsee die −20 m Tiefenlinie erreichte, war vor dem Dithmarscher Geestrand eine tiefe Meeresbucht mit Ausläufern zu Eider und Elbe vorhanden.

Bei Kleve und Windbergen in Norder- und Süderdithmarschen prägten sich westlich der saaleiszeitlichen Moränenkerne Nehrungen aus. Der Lebensraum der Küsten mit dem reichhaltigen Nahrungsangebot an Wasservögeln, Seevögeln und Fischen war ideal für die Jäger, Fischer und Sammler der Ertebölle-Kultur (5100–4100 v. Chr.), die an den direkt an das Meer grenzenden aktiven Kliffs und Nehrungen auch Feuersteine für die Werkzeugherstellung sammelten. Die Dithmarscher Küste ähnelte einer Boddenlandschaft. Während der letzten Periode der Jungsteinzeit zwischen etwa 2800 und 2000 v. Chr., zur Zeit der Einzelgrabkultur, grenzte die Heider

Geesthalbinsel mit ihren niedrigen Steilküsten noch an das Meer. Um etwa 2500 v. Chr. lagerten sich infolge der Abspülung (Erosion) der vorspringenden Geestkerne mit dem Küstenlängsstrom in nordsüdlicher Richtung sandige Sedimente ab, die als Ausgangsmaterial für die Bildung von Nehrungen dienten. Zunächst entstanden die kleineren Sandwälle bei Kleve und Fedderingen, später wurden die langgezogene Lundener Nehrung und die jüngeren Nehrungen bei St. Michaelisdonn aufgeschüttet, auf denen jeweils Dünen aufwehten. Die Nehrungen verbanden die vorspringenden Geestkerne miteinander und schufen so eine Ausgleichsküste. Während die dahinter liegenden Täler dem direkten Meereseinfluss entzogen wurden und vermoorten, bildete sich westlich der Nehrungsküste ein Wattenmeer und seit etwa 500 v. Chr. erste Seemarschen (alte Marsch).

Ebenso wie in Dithmarschen grenzten auch in Nordfriesland die Geestkerne von Amrum, Föhr und Sylt während der jüngeren Steinzeit noch an das Meer. Ursprünglich hatten diese Geestkerne in der Saaleeiszeit die höchsten Erhebungen eines Gletscherzungenbeckens gebildet. Während der Weichseleiszeit füllten Schmelzwässer das Zungenbecken mit Ablagerungen auf und ebneten die Täler ein. Das eiszeitliche Relief wies hier kleinräumige Höhenunterschiede auf. Das Meer erreichte aufgrund der zwischen NN –20 m und –5 m höher liegenden eiszeitlichen Oberfläche das heutige Küstengebiet des nordfriesischen Wattenmeeres etwas später als in Dithmarschen. Im westlichen Bereich lagerten sich Sande ab, weiter östlich Tone. Da der langsamer gewordene Meeresspiegelanstieg nicht mehr mit der Ablagerung dieser Sedimente Schritt halten konnte, bildete sich ein Wattenmeer. Kurz nach 5500 v. Chr. erreichte die Nordsee den Raum des heutigen Pellworm. Etwa 500 Jahre später waren weite Teile des heutigen südlichen nordfriesischen Wattenmeeres und des nördlichen Eiderstedt überflutet. Die Küstenlinie verlief etwa von der Westseite Nordstrands zur Hamburger Hallig und von dort nach Pellworm, um dann nach Norden in Richtung der Süderaue abzubiegen und deren Südseite zu folgen. Zwischen Pellworm und Nordstrand reichte die Bucht weit nach Osten.

An den exponierten Westseiten der Inseln begann die Nordsee zugleich ihren Zerstörungsprozess, der zur Bildung von Kliffs führte. Nördlich und

Seit 4500 v. Chr. brandete das Meer entlang der schleswig-holsteinischen Nordseeküste an die eiszeitlichen Geestkerne. Aus deren abgetragenen Material und mitgeführten Sanden entstanden Nehrungen. Östlich dieser Barriereküste entwickelten sich in Nordfriesland Schilfsümpfe, die von Jägern und Sammlern seit der Steinzeit aufgesucht wurden. Deren Siedlungen und Megalithanlagen (Hünengräber) befanden sich auf der Geest. Grafik: Dirk Meier

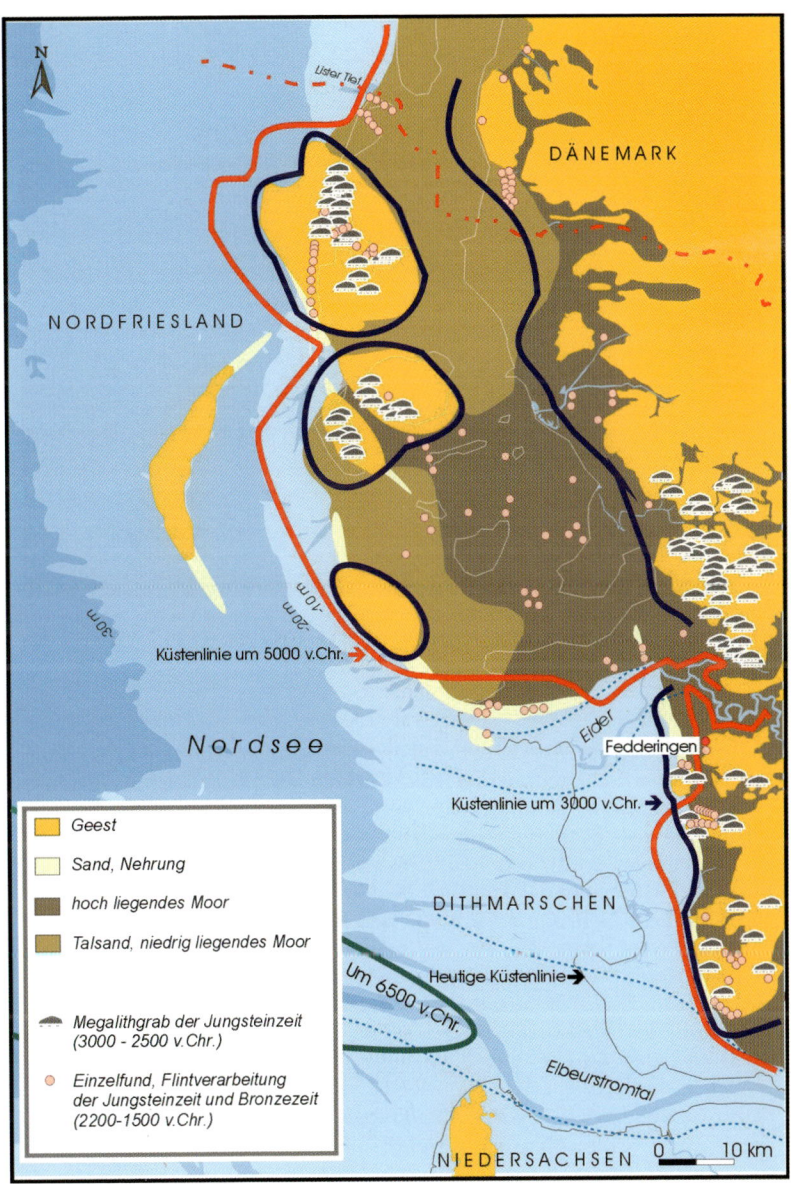

N

DÄNEMARK

NORDFRIESLAND

Lister Tief

Küstenlinie um 5000 v.Chr. →

-30 m

-20 m

-10 m

N o r d s e e

Elder

Fedderingen

Küstenlinie um 3000 v.Chr. →

DITHMARSCHEN

Heutige Küstenlinie →

Um 6500 v.Chr.

Elbeurstromtal

NIEDERSACHSEN

0   10 km

Geest

Sand, Nehrung

hoch liegendes Moor

Talsand, niedrig liegendes Moor

*Megalithgrab der Jungsteinzeit
(3000 - 2500 v.Chr.)*

*Einzelfund, Flintverarbeitung
der Jungsteinzeit und Bronzezeit
(2200-1500 v.Chr.)*

Auf Föhr grenzen die Ablagerungen der vorletzten Eiszeit noch heute an das Meer. Foto: Dirk Meier

südlich der Geestkerne von Amrum und Sylt schufen Strom und Brandung ebenso wie in Eiderstedt in den letzten beiden Jahrtausenden v. Chr. Sandwälle, auf denen der Wind den vom Meer angeführten Sand zu Dünen aufhäufte. Diese als Barrieren wirkenden Geestkerne und Nehrungen im Westen des heutigen nordfriesischen Wattenmeeres und die Eiderstedter Sandwälle begünstigten in der Folgezeit die Vermoorung des Gebietes nördlich der Gardinger Nehrung etwa bis in den Bereich zwischen Föhr und der nordfriesischen Festlandsgeest. Während diese Schilf- und Moorlandschaft in der jüngeren Stein- und Bronzezeit nur zur Jagd aufgesucht wurde, konzentrierten sich die Siedlungen auf die Geestkerne der heutigen Inseln Amrum, Föhr und Pellworm. Nachdem die Nordsee Teile der Altmoränen (Amrum-Bank-Moräne) und Nehrungen abgebaut hatte, drang das Salzwasser in die lagunenartige Moorlandschaft vor. Im Gebiet des heutigen Pellworm und im Raum von Hallig Hooge entstanden auf über dem Moor abgelagerten Sedimenten Seemarschen unbekannter Ausdehnung. Deren Erschließung von der nordfriesischen Festlandsgeest aus wurde jedoch

Vom saaleeiszeitlichen Geestrand Süderdithmarschens bei St. Michaelisdonn reicht der Blick auf eine alte Nehrung und die um 500 v. Chr. entstandene alte Marsch. Foto: Dirk Meier

durch die ausgedehnte Moorlandschaft im Osten behindert. Weitere Seemarschen wuchsen um 500 v. Chr. südlich der Garding-Tatinger Nehrung entlang der Eidermündung auf.

Um Chr. Geb. begünstigte ein im südlichen Nordseeraum vielerorts nachweisbarer niedriger Meeresspiegel eine Landnahme der Seemarschen durch bäuerliche Siedlergruppen. Im schleswig-holsteinischen Küstengebiet zielte diese vor allem auf die Seemarschen Dithmarschens und des südlichen Eiderstedt. Zwischen Elbe und Eider legten die Siedler erste Wohnstallhäuser als Flachsiedlungen auf höheren Uferwällen an Prielen zu ebener Erde an, bevor infolge erneuter Sturmfluttätigkeit diese seit 50 n. Chr. mit Mist und Klei zu Wurten (Warften) als künstlichen Schutzhügeln aufgehöht wurden. In dieser Zeit stieg der Meeresspiegel ebenfalls wieder an, bevor das Mittlere Tidehochwasser im 4./5. Jahrhundert n. Chr. wieder sank. Ein gut untersuchtes Beispiel so einer frühen Marschensiedlung stellt Süderbusenwurth in Dithmarschen dar. Wie die unter Leitung des Verfassers durchgeführten größeren Ausgrabungen ergaben, entstanden

Nordseeküste um 200 n. Chr: Während in den Seemarschen zwischen Elbe und Eider zahlreiche Wurten bestanden, beschränkten sich in Nordfriesland die Siedelmöglichkeiten aufgrund der ausgedehnten Moore vor allem auf die Geestkerne und kleinere Marschflächen der Wiedingharde. Grafik: Dirk Meier

24

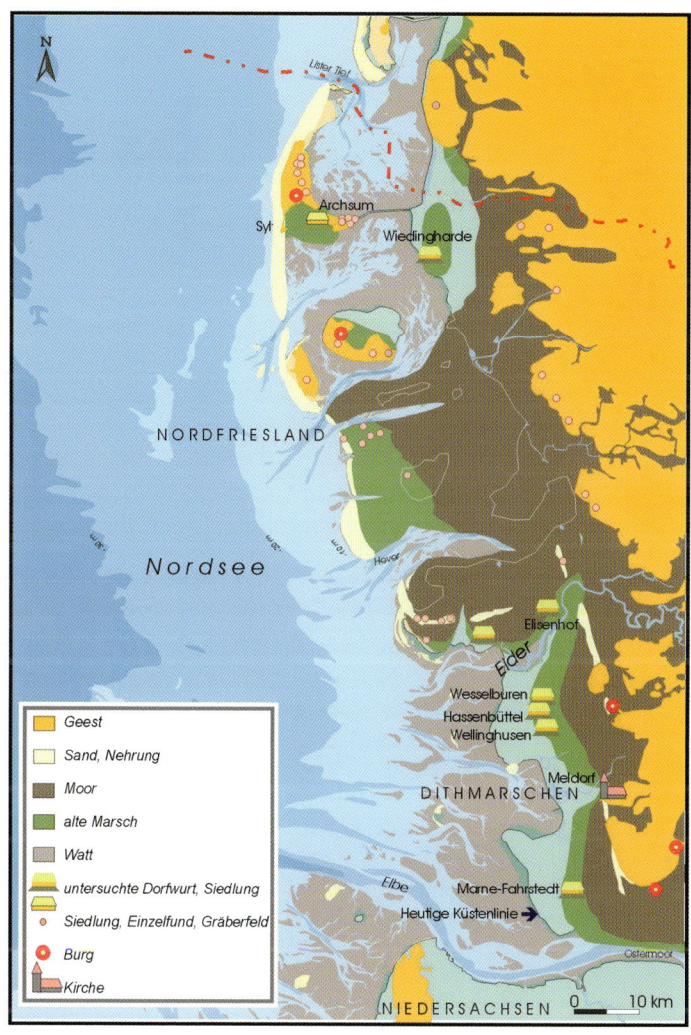

Nordseeküste um 1000 n. Chr: Seit dem 7. Jahrhundert n. Chr. nutzten er-
neut bäuerliche Siedler in Dithmarschen die Seemarschen. Die Einwande-
rung friesischer Bevölkerungsgruppen im 8. Jahrhundert zielte daher auf die
Seemarschen nördlich der Eider und die Geestkerne, während die noch aus-
gedehnten Moorgebiete unbesiedelt blieben. Grafik: Dirk Meier

Vor der Bedeichung der Seemarschen boten während des 1. Jahrtausends vor allem hoch aufgelandete Uferwälle entlang der Küste oder Prielen gute Siedel- und Wirtschaftsmöglichkeiten, während das vermoorte Sietland gemieden wurde. Grafik: Dirk Meier

dort um 50 n. Chr. auf einem bis NN +1,80 m hohen Uferwall Hofwurten, die nach 150 n. Chr. um etwa einen Meter erhöht wurden. Möglicherweise diente diese Erhöhung nicht nur der Anlage neuer Wohnplätze, sondern dem Ackerbau, da zunehmend Sturmfluten die nur niedrig aufgelandeten Seemarschen überfluteten und die höheren Areale des kleinen Uferwalles begrenzt waren. Die wirtschaftliche Grundlage der Siedlung bildete bis zu deren Aufgabe am Ende des 3. Jahrhunderts die Viehhaltung von Rindern und Schafen. Neben der Dithmarscher Südermarsch erfasste die Landnahme des frühen 1. Jahrhunderts n. Chr. auch höhere Marschflächen 2 km westlich von Heide. Ein niedriger Sturmflutspiegel erlaubte dabei in Tiebensee die Anlage der Höfe auf der Marsch, bevor auch hier die Bewohner im 2. Jahrhundert zum Wurtenbau übergingen. Da eine zunehmende Vernässung des Hinterlandes und die Ausdehnung der Vermoorung die Weidegründe begrenzte, kam es zur Gründung einer zweiten Wurtenreihe 2 km

Das 5 m hohe Profil der Dorfwurt Wellinghusen in Dithmarschen lässt den Wechsel der Auftragsschichten aus Mist (braun) und abdeckenden Kleilagen (hell) erkennen. Ende des 7. Jahrhunderts n. Chr. war auf einem hohen Uferwall zunächst eine Flachsiedlung entstanden, deren Höfe zu Beginn des 9. Jahrhunderts mit Mist aufgehöht wurden. Aus dem Zusammenschluss dieser Hofwurten und deren weiterer Erhöhung bildete sich dann eine große Dorfwurt, die um 1400 eine Höhe von bis zu NN +6,20 m erreichte. Foto: Dirk Meier

weiter westlich nahe der damaligen Küstenlinie. Die niedrigen Marschen blieben hier nicht einmal von sommerlichen Sturmfluten verschont, so dass die Siedler in Haferwisch aus Kleisoden Wurten aufwarfen. Häufigste Nutztiere waren daher Schafe, aber auch kleinwüchsige Rinder, Schweine und Pferde wurden gehalten.

Nördlich der Eidermündung erlaubten hohe Uferwälle eine platzkonstantere Besiedlung. Hier bestand mit Tofting nordöstlich von Tönning eine Warftsiedlung vom 1. bis zum 5./6. Jahrhundert n. Chr. Wurde hier zu Beginn der Siedlungszeit der Uferwall nur selten von höheren Wasserständen überschwemmt, nahm seit dem 3. Jahrhundert die Häufigkeit der Sturmfluten zu. Die ausgedehnten Moorgebiete im Norden der Halbinsel und im Bereich des heutigen nordfriesischen Wattenmeeres boten hingegen anders als die Geestkerne von Föhr, Sylt und Amrum keine Siedlungsmöglichkeiten.

Nach der Völkerwanderungszeit, während der im Nordseeküstengebiet Schleswig-Holsteins die Besiedlung stark ausdünnte, nutzten seit dem Ende des 7. Jahrhunderts Gruppen bäuerlicher Siedlungsgemeinschaften die infolge eines wiederum niedrigen Meeresspiegels günstige naturräumliche Entwicklung an der Küste. Eine erste Landnahmephase sächsischer Siedlergruppen nahm vor allem die höchsten Partien der Uferwälle an Prielen nahe der Dithmarscher Küste in Besitz. In Wellinghusen nördlich von Wöhrden überschwemmten zu Beginn der Siedlungszeit am Ende des 7. Jahrhunderts den NN +1,80 m hohen Uferwall noch keine Sturmfluten. Die um 690 n. Chr. an einem Priel angelegten Hofstellen lagen daher auf flachen Sodenpodesten. Im niedrigeren Umland erstreckten sich hingegen stark salzwasserbeeinflusste Salzmarschen. Den das Siedelareal durchziehenden Priel überquerte eine um 785 reparierte Brücke. Seit dem frühen 9. Jahrhundert erhöhten die Siedler die Hofplätze mit Mist zu Hofwurten und deckten die Aufträge mit Kleisoden ab. Steigende Sturmflutspiegelstände machten erneut vom 10. bis 14. Jahrhundert weitere Wurterhöhungen aus Klei notwendig. Infolge einer Besiedlungsverdichtung im 10. Jahrhundert erfasste diese auch die niedrigeren Seemarschen, wo man – wie die ebenfalls gut untersuchte Dorfwurt Hassenbüttel 2 km nördlich von Wellinghusen belegt – sofort zum Wurtenbau überging. Östlich an die Dorfwurtenzone der Seemarsch schloss sich bis zum Geestrand ein ausgedehntes Moorgebiet an.

Nördlich der Eider wanderten im 8. Jahrhundert Friesen ein. Diese nahmen nördlich des Flusses zunächst die höheren Uferwälle entlang der nördlichen Flussseite und die Sandwälle in Besitz. Hingegen bot das vermoorte Sietland des mittleren und östlichen Eiderstedt keine Siedel- und Wirtschaftsmöglichkeiten. Neben der Wiederbesiedlung alter Dorfwarften, wie Tofting und Tönning, erfolgten mit Welt, Olversum und Elisenhof Neugründungen. Den Aufbau der Marschensiedlung am Elisenhof westlich von Tönning dokumentierten die zwischen 1957 und 1964 durchgeführten Ausgrabungen. Am Beginn der Besiedlung im 8. Jahrhundert standen dort mehrere bäuerliche Wohnstallhäuser auf den Flachhängen eines breiten Uferwalles. Im Laufe des 9. Jahrhunderts verschoben sich diese den Hang abwärts. Der an der Siedlung vorbeilaufende Priel wurde dabei mit Mist zugeworfen, mit Kleisoden abgedeckt und in das Siedelareal miteinbezogen. Im 11. Jahrhundert verließen die Menschen die Warft.

Das Gebiet der Unterelbe

Das untere Elbtal gehört ursprünglich zu den nach Westen verlaufenden weichseleiszeitlichen Schmelzwassertälern. Im Norden und Süden grenzt es an steil abfallende Moränenränder der Saale-Kaltzeit. Infolge des Meeresspiegelanstiegs drang die Nordsee um 6500 v. Chr. in dieses alte Elburstromtal ein, so dass sich die Gezeitengrenze flussaufwärts verschob, und bedeckte die eiszeitlichen Kiese und Sande mit weiteren Sedimenten. Ob das offene Wasser um 6000 v. Chr. die noch weit entfernten Geestkanten bei Itzehoe erreichte, ist nicht eindeutig, da möglicherweise ein ansteigender Niedermoorgürtel mit dem Anstieg des Meeresspiegels Schritt hielt. Teile der Bucht erstreckten sich vielleicht bis zu den dünenartigen Abhängen der westlichen Vorsprünge der Holsteinischen Geest, wie am nordöstlichen Rand der Wilstermarsch bei Krummendiek, westlich von Itzehoe, in der Krempermarsch bei Kremperheide sowie in der Haseldorfer Marsch zwischen Elmshorn und Uetersen. In der Höhe von Glückstadt existierte vermutlich ein weiterer Geestkern oder eine Düne unter der heutigen Elbe wie archäologische Funde der mittelsteinzeitlichen Ertebölle-Kultur (5100–4100 v. Chr.) zeigen.

Anders als in Dithmarschen entstand entlang der Elbmündung jedoch keine ausgeprägte Nehrungsküste. Nur in den Bereich der Elbmündung in Süderdithmarschen reichte von Norder- und Süderdonn her ein Nehrungssystem, an das sich zur Landseite Haffseen oder Lagunen anschlossen. Die zunehmende Abriegelung der Buchten begünstigte in der Folge eine Verlandung. Die Schwankungen des Meereseinflusses führten dabei zu einem ständigen Wechsel in diesen Lagunengebieten mit Schilfsümpfen, Bruchwäldern und Mooren. Mit dem ansteigenden Meeres- und Grundwasserspiegel breiteten sich diese Küstenrandmoore landeinwärts aus, bevor das im Zuge der Transgession vordringende Meer sie überflutete. Über dem Moor lagerten sich humose, tonige Sedimente ab, die sich vom Geestrand bis zur Elbe erstrecken. Als vor 4000 Jahren der Meereseinfluss nachließ, bildeten sich wiederum Moore, die jedoch bald wieder überflutet und mit Sedimenten bedeckt wurden.

Einen wesentlichen Faktor der jüngeren Landschaftsentwicklung der Elbmarschen bildet die Elbe. Deren Ablagerungen schufen seit der Mitte des ersten vorchristlichen Jahrtausends hohe Uferwälle, welche die natürliche Entwässerung der landseitigen Moorflächen einschränkten. Im 14. Jahrhundert trug die mäandrierende Elbe an der schleswig-holsteinischen Seite die Uferwälle ab; letzte Landverluste traten noch in der frühen Neuzeit bei Brunsbüttel an der Außenelbe ein. Auch entlang der in die Elbe mündenden Nebenflüsse Stör, Krückau und Pinnau waren hohe Uferwälle entstanden. Als um Chr. Geb. der Sturmfluteinfluss infolge einer allgemeinen Senkung des Mittleren Tidehochwassers nachließ, boten diese die einzigen günstigen Wirtschaftsflächen für eine Landnahme bäuerlicher Siedler. Diese begann in der schleswig-holsteinischen Störmarsch nach Ausweis der Ausgrabungen in Hodorf im frühen 1. Jahrhundert n. Chr. Dort entstand ein

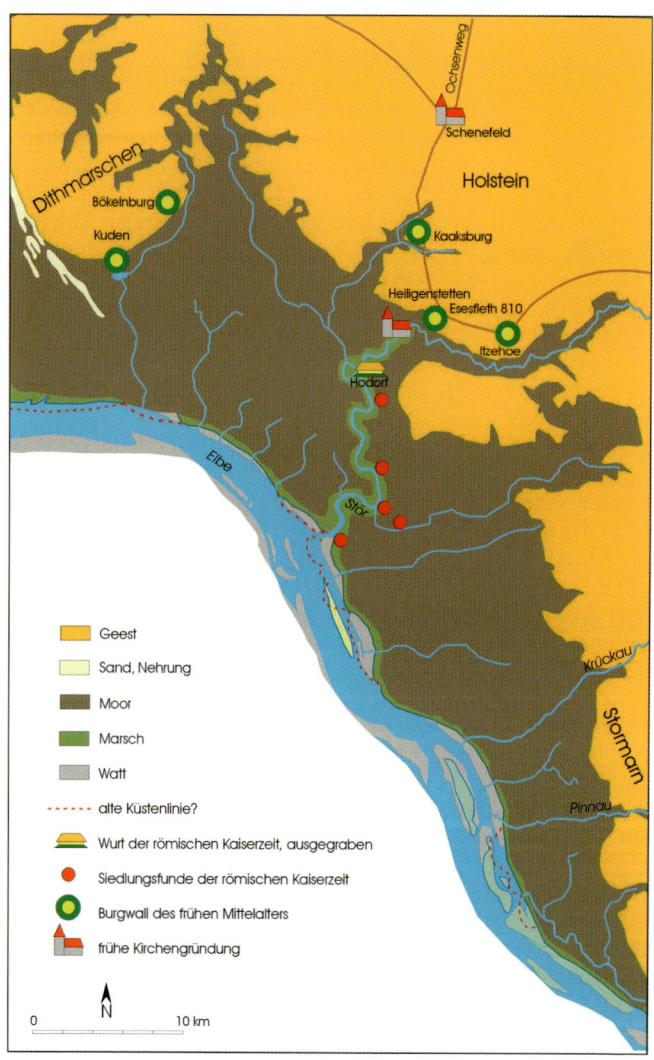

Legend:

- Geest
- Sand, Nehrung
- Moor
- Marsch
- Watt
- - - - - alte Küstenlinie?
- Wurt der römischen Kaiserzeit, ausgegraben
- Siedlungsfunde der römischen Kaiserzeit
- Burgwall des frühen Mittelalters
- frühe Kirchengründung

0   N   10 km

In den schleswig-holsteinischen Elbmarschen beschränkten sich die Siedel-möglichkeiten des 1. Jahrtausends n. Chr. auf die hohen Uferwälle entlang der Elbe und der Nebenflüsse wie der Stör. Bis zum Geestrand erstreckten sich ausgedehnte Moore. Grafik: Dirk Meier

In den Elbmarschen schufen erst der seit dem 12. Jahrhundert erfolgte Deich-bau und die Hollerkolonisation neues Kulturland. Die Bedeichung der Elbe führte aber auch zu einem Anstieg der Pegelstände. Grafik: Dirk Meier

Wohnplatz, der mit seinen dicht übereinander errichteten Wohnstallhäusern bis in das 4. Jahrhundert bewohnt blieb. Einen Eindruck des Naturraumes der ersten nachchristlichen Jahrhunderte vermitteln auch die archäologischen Untersuchungen in Ostermoor in Dithmarschen. Auf einem Uferwall eines Prieles existierte hier im 1./2. Jahrhundert eine Flachsiedlung mehrerer bäuerlicher Wirtschaftsbetriebe. Aufgrund einer zunehmenden Vernässung des Wirtschaftslandes und eingeschränkter Verkehrsmöglichkeiten wurde die Siedlung im 2. Jahrhundert n. Chr. aufgegeben.

In der südlich anschließenden Kremper Marsch reichen die vom Meer abgelagerten sandigen Sedimente fast überall bis an den Geestrand. Über den Zeitpunkt der Verlandung lassen sich keine klaren Angaben machen, doch bestanden hier ebenfalls um Chr. Geb. höhere Uferwälle entlang der Elbe und der Krückau, an die sich niedrige Flächen mit Schilfsümpfen und Restseen anschlossen. Im Unterschied zu den äußeren Elbmarschen mit ihren marinen Sedimenten herrschen im Untergrund der Haseldorfer Marsch fluviatile Ablagerungen vor. Entlang der Wasserflächen existierten zwischen Hohnhorst und Wedel mehrere Nehrungen mit aufgewehten Dünen (Bishorster Sand), deren abgetragene Reste erstrecken sich noch heute entlang des Haseldorfer Deiches.

Die Ostseeküste

Ebenso wie die Nordsee ist die Ostsee ein altes Sedimentationsbecken. Seine eigentliche Form erhielt das Ostseebecken jedoch erst im Quartär. Im Unterschied zum Nordseeküstengebiet, das vorwiegend von Schmelzwasserströmen und späten Abtragungsvorgänge des Meeres geformt wurde, schütteten im Bereich der Ostseeküste die Gletscher am Ende der Weichseleiszeit vor 10 000 Jahren dicht hintereinander liegende Endmoränenzüge auf. Diese reichen teilweise bis unter die Wasserlinie der heutigen Ostsee, wo sie als Untiefen und Schwellen erhalten sind, oder brechen als Steilküsten an den heutigen Küsten ab. Während der Weichseleiszeit waren als Folge eines oder mehrerer Vorstöße kleiner Eiszungen U-förmig ausgeschliffene Täler in der Grundmoränenlandschaft entstanden. Als das Eis taute und der Meeresspiegel anstieg, drang Wasser in diese bis 20 m tiefen Täler ein und formte die heutigen Förden und Buchten. Als sich die Gletscher zurückzogen, blieben vereinzelt Toteisblöcke vor dem Eisrand liegen. Nachdem diese geschmolzen waren, füllten sich die zurückgebliebenen Mulden mit Wasser. So entstand die ostholsteinische Seenplatte.

Nachdem infolge des wärmeren Klimas die heutige Ostseeküste um etwa 10 000 v. Chr. eisfrei geworden war, blieben einzelne Eisstauseen zurück,

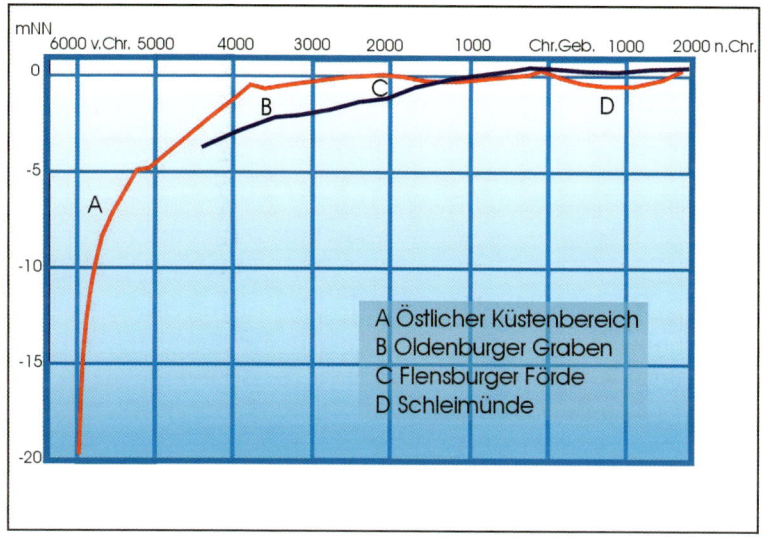

Der nacheiszeitliche Meeresspiegel der Ostsee stieg zunächst steil an, und dieser Anstieg verflachte sich ähnlich wie an der Nordsee ab etwa 6000 v. Chr. Grafik: Dirk Meier nach D. Hoffmann 1992

die jedoch keine Verbindung mit dem größeren baltischen Eisstausee besaßen. Dieser erstreckte sich in Teilen des nördlichen und östlichen Ostseebeckens. Auch die erste nacheiszeitliche marine Phase der Ostsee, das nach einer schwedischen Leitmuschel benannte salzige Yoldia-Meer, drang über die durch die ehemaligen Gletscher ausgeschliffenen Hohlformen zwar bis in das zentrale Ostseebecken vor, erreichte aber nicht den Bereich der deutschen Ostseeküste. Infolge der Entlastung vom Eis hob sich Skandinavien, und das Yoldia-Meer verlor seine bis dahin über Südschweden führende Verbindung zum Weltmeer. So wurde aus dem Yoldia-Meer die weite Bereiche der heutigen Ostsee unterhalb von NN –8 m einnehmende Ancylus-See. Da die Ancylus-See keine Verbindung mehr zur Nordsee besaß, dünnte ihr Salzgehalt aus. Vor 8700 Jahren konnte dieser Großsee über die Darßer Schwelle abfließen und der noch stark gegliederte Ostseeküstenraum wurde bis in Wassertiefen von mindestens NN –20 m festländisch. Infolge der Klimaerwärmung des Atlantikums stieg der Meeresspiegel jedoch weltweit weiter an, und über den Öresund, Großen und Kleinen Belt bildete sich eine neue Verbindung zur Nordsee. Während der Litorina-Transgression wur-

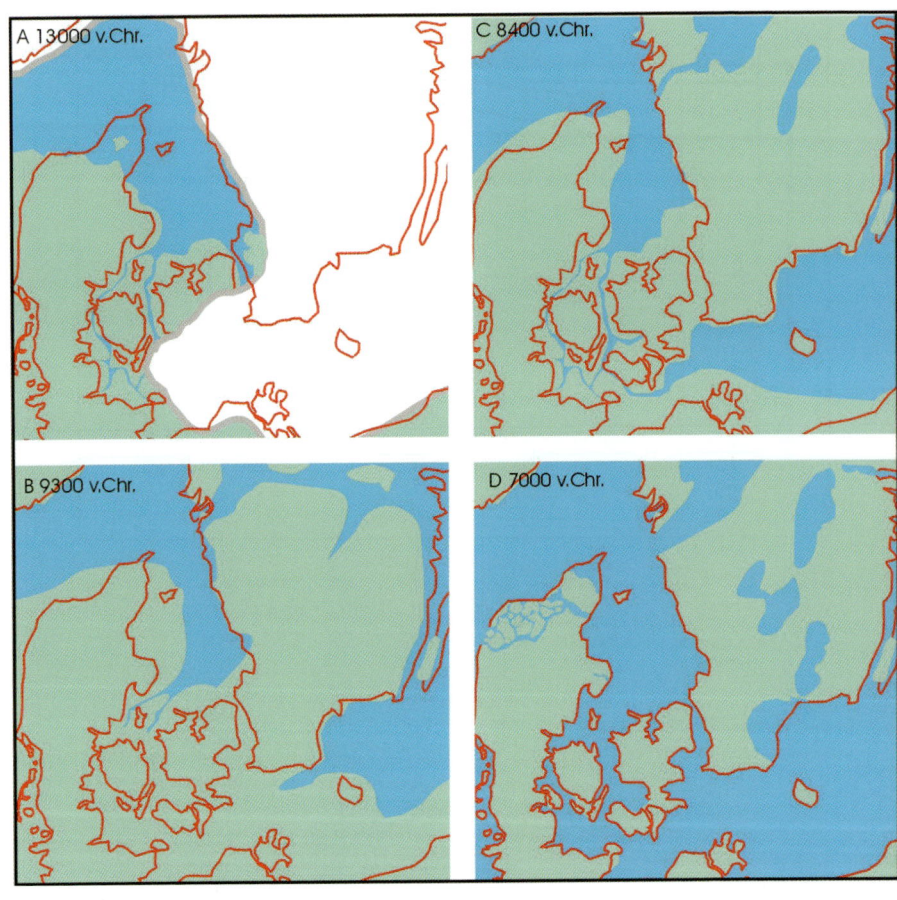

*A Um 13 000 v. Chr. reichten die Gletscher der letzten Eiszeit noch bis Süd-
schweden, südlich davon lagen Eisstauseen. – B Nach dem Abschmelzen entstand um 9300 v. Chr. das salzhaltige Yoldia-Meer, so genannt nach der
Salzwassermuschel Yoldia Arctica. – C Infolge der Landhebung bildete das
südliche Schweden um 8400 v. Chr. einen Sperrriegel, und die Ostsee wurde
zum Binnenmeer der Ancylus-See, so genannt nach der Süßwassermuschel
Ancylus fluviatilis. – D Infolge des wieder ansteigenden Meeresspiegels
drang die Nordsee in die Ostsee ein. Um 7000 v. Chr. bildete der Norden
Jütlands einen Inselarchipel; Kleiner und Großer Belt sowie der Öresund
entstanden. Grafik: Dirk Meier*

34

den seit 7000 v. Chr. die tiefliegenden Gebiete der in der Weichseleiszeit ent-
standenen Landschaft schnell überflutet, was zu einer Vergrößerung der
Förden und Buchten führte. In der Litorinazeit formte das Meer die Jütische
Halbinsel mit ihren langen und stark gegliederten Küstenabschnitten. Der
damalige Küstenverlauf fällt etwa mit der –20 m Tiefenlinie zusammen.
Zwischen etwa 5900 und 5300 v. Chr. erfolgte mit ca. 15 m ein sehr rascher
Anstieg des Meeresspiegels, der im Mittel ca. 2,5 cm im Jahr betrug. Danach
verlangsamte sich dieser bis um 3700 v. Chr. auf 0,3 m im Jahrhundert.

Ein Beispiel der Küstenveränderung der Litorinazeit bildet das Hoh-
wachter Steilufer in Ostholstein, wo der Blick im Nordwesten und Südosten
auf strandnahe Seen fällt. In der Litorinazeit war dabei der Große Binnensee noch eine Bucht der Ostsee. Das gegen die damalige Küste anbrandende
Meer schuf hier bei Stöfs und Neudorf Steilküsten. Ein vom Steilufer bei
Todendorf aus nach Südwesten vorrückendes Hakensystem schnürte die
Bucht allmählich vom offenen Meer ab und ließ den Binnensee entstehen.
Das Kliff von Hohwacht bildet den Aufhängepunkt für einen weiteren
Strandwall, der – ebenfalls von Südosten wachsend – die alte Mündung und
das Tal der Mühlenau in die Ostsee abriegelte und den Sehlendorfer Binnen-
see formte.

Ein höherer Salzgehalt als heute und wärmere Durchschnittstempera-
turen der Litorinazeit sorgten für eine hohe Artenvielfalt von Meeressäu-
gern, Wasservögeln, Fischen, Muscheln und Schnecken. Es war so warm,
dass Pelikane bis in die Gegend des heutigen Nordjütland vorkamen. Dort
war durch das vordringende Meer ein weitläufiger Inselarchipel entstanden,
der den mittelsteinzeitlichen Jägern und Sammlern attraktive Nahrungs-
möglichkeiten und Verkehrswege bot. Im Laufe des weiteren Meeresspiegelanstiegs füllten sich die Mulden und Förden schnell mit Wasser und überfluteten viele dieser Küstenplätze.

Zu den ältesten überfluteten Fundstellen im Küstengebiet gehören mit-
telsteinzeitliche Plätze der jüngeren Maglemose-Kultur (7200–7000 v. Chr.)
in einer Wassertiefe von 12 bis 13 m bei Fløjstrup Skov in der Bucht von År-
hus sowie weitere der Kongemose-Kultur (6800–5400 v. Chr.) im jütischen
Küstengebiet. Eines der um 6000 v. Chr. überfluteten Täler ist die 22 km
lange und 2 bis 3 km breite Grube-Wessek-Niederung in Ostholstein zwischen der Dahmer Bucht im Osten und der Hohwachter Bucht im Westen.
An deren Uferrändern ließen sich um 5500 v. Chr. zunächst Jäger, Fischer
und Sammler der Ertebølle-Kultur nieder, die nach der Aussüßung und
fortgeschrittenen Verlandung der Niederung sesshaft wurden.

Um etwa 3000 v. Chr. erreichte der Ostseemeeresspiegel etwa eine ähnliche Höhe wie heute und schwankte seitdem nur noch um 1 bis 2 m. Im Bereich des Oldenburger Grabens lag dieser um 3000 v. Chr. etwa bei etwa
NN -3 m. Zunächst füllte das Meer die Buchten mit Sedimenten auf, bevor

Die durch Förden und Buchten reich gegliederten Küsten der jütischen Halbinsel boten für die mittelsteinzeitlichen Siedler ideale Bedingungen für Jagd und Fischfang. Abbildung von Les Turner, Humber Wetlands Project

vom Meer aufgeworfene Nehrungen die restlichen Wasserflächen vom Meer abtrennten. Diese Sandwälle bauten sich entsprechend den vorherrschenden Westwinden weiter von Westen nach Osten auf. Lieferanten der Sedimente waren die Kliffs der Litorinazeit, deren abgebrochenes Material das Wasser aufarbeitete und die Küste entlangtransportierte. So entstanden die Nehrungen von Eckernförde mit dem dahinterliegenden Noor oder die seit etwa 2000 v. Chr. gebildeten Strandwälle an der Nordküste Fehmarns. Während des letzten vorchristlichen Jahrtausends lag der Meeresspiegel während der Limnea-Transgression auf einer ähnliche Höhe wie heute, weiter östlich etwas darüber. Danach fiel dieser noch einmal um fast 1 m ab und stieg seit

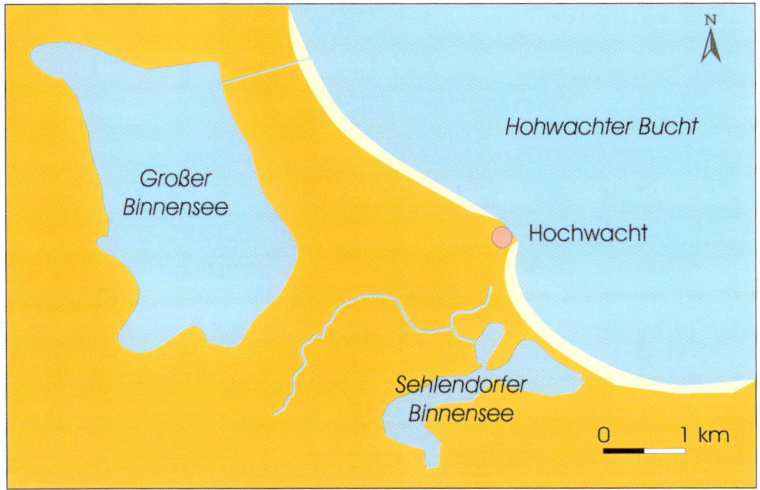

Bei Hohwacht an der Ostseeküste hat das Meer Nehrungen aufgeworfen, welche die ehemaligen Meeresbuchten des Großen Binnensees und des Sehlendorfer Binnensees vom Meer abschließen. Grafik: Dirk Meier

1000 n. Chr. wieder an. Aufgrund dieser geringen Wasserspiegeländerungen veränderten sich die Küstenlinien an der Ostsee nur kleinräumig.

Wie in der mittleren Steinzeit gehörte auch in der Jungsteinzeit die landschaftlich vielfältige Ostseeküste zu den relativ dicht besiedelten Gebieten. Die Gewässer boten Möglichkeiten zum Fischfang, die Wälder lieferten Holz für den Hausbau, Gerätschaften und Brennmaterial. In der Jungsteinzeit rodeten die bäuerlichen Siedler Teile des Waldes für die Anlage von Siedlungen und Feldern. Oft lagen diese Siedlungen auf verkehrsmäßig gut erreichbaren Inseln oder Halbinseln im Küstengebiet. An vielen Wohnplätzen bot sich bei Überflutungen die Möglichkeit, sich auf höheres Gelände zurückzuziehen.

Die ältesten unter dem heutigen Meeresspiegel der Ostsee liegenden Siedlungen am Übergang zur jüngeren Steinzeit reichen etwa in den Zeitraum zwischen 4200 und 3500 v. Chr. zurück. Bei Baggerarbeiten auf der Südostseite der Kieler Förde kamen bereits in den Jahren 1876 bis 1903 in einer Tiefe von 8 bis 9 m Geräte aus Feuerstein, Geweih und Knochen sowie Keramik in Form von Spitzbodengefäßen zutage. Diese Funde der Ellerbek-Kultur gehören in die Übergangszeit zwischen mittelsteinzeitlichen Jägern und Fischern und der Jungsteinzeit mit ihren bäuerlichen Kulturen. Weitere Nachweise der Ellerbek-Kultur kamen bei niedrigem Wasserstand in den letzten Jahrzehnten am Strand der Neustädter Bucht aus einem Moor zutage, das infolge des nacheiszeitlichen Meeresspiegelanstiegs überflutet worden war.

Archäologische Untersuchungen erfolgten vor allem am Oldenburger Graben, der die Halbinsel Wagrien von der Hohwachter Bucht im Nordosten bis Dahme an der Lübecker Bucht im Südosten durchzieht. In seinem östlichen Teil zwischen Oldenburg und der Lübecker Bucht geht dieser auf ein weichseleiszeitliches Gletscherzungenbecken zurück, in seinem westlichen Teil prägte Tieftauen von Toteisblöcken die eiszeitliche Landschaft. Bei Grube und Oldenburg reichen Moränen östlicher Eisvorstöße bis unmittelbar an die Niederung heran; zwischen ihnen liegen in tief eingeschnittenen Rinnen Torfe. Im Spätglazial bildeten sich in Grundzügen die heutigen Entwässerungssysteme. Noch im frühen Postglazial tauten verschüttete Eisreste auf, so dass zahlreiche Becken entstanden, die sich mit Wasser füllten. Bei beständig ansteigendem Grundwasserspiegel vergrößerten sich die bis dahin isolierten Wasserflächen zu größeren Seen. Bei einem Wasserstand der Ostsee von etwa NN -13 bis -14 m erreichten erstmals zu Beginn des Atlantikums um 7000 v. Chr. Salzwasserüberflutungen die äußeren Bereiche der Niederung. Die inneren Bereiche des Oldenburger Grabens überschwemmte die vordringende Ostsee erst, als der Meeresspiegel ein Niveau von NN -5 m überschritten hatte. Bei Oldenburg existierten zwei parallele Meeresarme, die im Laufe der Zeit mit bis zu 10 m mächtigen Sedimenten aufgefüllt wurden. Teilweise bestanden noch in Nord-Süd-Richtungen Landbrücken, die eine trockene Überquerung der Niederung erlaubten.

Neuere geologische Untersuchungen zeigen, dass die erste Vorstoßphase der Ostsee im Bereich des Oldenburger Grabens bereits um 2900/2800 v. Chr. endete. Ursache dafür ist – während einer Phase eines sich verlangsamenden Meeresspiegelanstieges – die Entstehung von Strandwallsystemen bei Weißenhaus und Dahme. In der Folgezeit süßte der Graben aus und verlandete teilweise. Es entstanden Süßwasserseen, in denen sich insbesondere während der letzten 2000 Jahre Binnenseesedimente absetzten (limnische

Um 7000 v. Chr. drang das Meer in den Oldenburger Graben ein und überflutete das von steinzeitlichen Jägern und Fischern aufgesuchte Tal. Infolge von Nehrungsbildungen verlandete der Oldenburger Graben seit 3000 v. Chr. In der frühen Neuzeit wurde der Oldenburger Graben weitgehend trockengelegt und wird heute aus Naturschutzgründen wieder vernässt. Grafik: Dirk Meier

Heute

Hohwachter
Bucht

Fehmarn

Oldenburg

Oldenburger Graben

Oldenburg

Grube

10 km

Lübecker
Bucht

Grube

Dahme

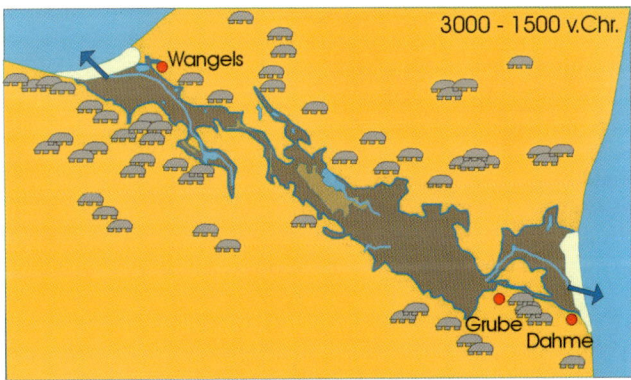

3000 – 1500 v.Chr.

Wangels

Grube

Dahme

7000 – 4000 v.Chr.

um 7000 v.Chr.

Wangels

Heringsdorf

Rosenhof   Siggeneben

Dahmer Bucht

um 5000 v.Chr.

Grube

Dahme

Jungmoränen
Bruchwälder und Schilfsümpfe
verlandete Seebecken
offene Wasserflächen

39

Sedimente). Zwar bestanden noch kleine Durchlässe zur Ostsee, doch reichten diese nur für ein Abfließen des Oberflächenwassers. Zur Zeit der slawischen Besiedlung Ostholsteins war der Oldenburger Graben nicht mehr von der Ostsee mit dem Schiff befahrbar, denn für diese Zeit lassen paläobotanische Untersuchungen auf eine Vermoorung des Oldenburger Grabens schließen, die allenfalls einen Verkehr mit Einbäumen erlaubte. Eine Verbindung zur Ostsee bestand infolge der Strandwälle bei Weißenhaus und Dahme nicht mehr. Allerdings konnten immer noch Ostseefluten die Nehrungen durchbrechen, wie dies noch in den Jahren 1863 und 1872 der Fall war. Nach diesen Katastrophen begann man mit der Eindeichung und Entwässerung der Niederung. Zur Gewinnung neuer Landwirtschaftsflächen erfolgte eine Binnenentwässerung der gesamte Niederung in den 1920er und 1930er Jahren bis auf ein Niveau von NN –3 m. Infolge der Bodenabsenkungen und Sackungen der jüngerern Decksedimente bildete sich das späteiszeitliche Bodenrelief mit seinen sandigen Kuppen wieder ab. Seit 1996 wurde der Oldenburger Graben aus Naturschutzgründen wieder teilweise renaturiert und künstlich vernässt.

Aus der erdgeschichtlichen Entwicklung des Oldenburger Grabens ergibt sich seine Bedeutung für die frühe Siedlungsgeschichte dieses Raumes. Zwischen 7000 und 3000 v. Chr. bildete die Seenlandschaft das bevorzugte Jagd- und Sammelgebiet mittelsteinzeitlicher Jäger- und Sammlergruppen. Spätestens mit dem Ende der mittleren Steinzeit war der Umfang der mit Bruchwald und Schilfsümpfen bewachsenen oder von Wasser bedeckten Flächen so groß, dass diese teilweise nur noch mit Einbäumen überquert werden konnten.

Die ältesten Siedlungsspuren aus dem ersten Drittel des 4. Jahrtausends v. Chr. wurden im Ostteil des Oldenburger Grabens in der ehemaligen Dahmer Bucht gefunden. Die Spuren dieser Wohnplätze der Ellerbek-Kultur bei Rosenhof reichen bis in eine Tiefe von NN –3 m und deuten die ehemalige Wasserlinie der Ostsee dieser Zeit an. Von diesem Lagerplatz aus gingen die Menschen zwischen 5200 und 4200 v. Chr. der Jagd, dem Fischfang und dem Sammeln von Früchten nach. Der lange Besiedlungszeitraum spricht gegen eine Deutung als saisonale Jagdstation, vielmehr handelte es sich um eine ganzjährig bewohnte, etwa mehrere 1000 m² große Basisstation.

Der nur wenige hundert Meter nordöstlich von Rosenhof liegende Fundplatz Siggeneben-Süd war zwischen 4100 und 3500 v. Chr. besiedelt. Der Küstenstreifen der Dahmer Bucht bot auch in dieser Zeit günstige Siedelmöglichkeiten. In Siggeneben-Süd erlaubten archäologische und pollenanalytische Untersuchungen in der Uferzone die Datierung mehrerer aufeinander folgender Höchstwasserstände. Während der ältesten Siedlungsphase um 4100 (oder 4500) v. Chr. lag der Wasserspiegel bei NN –4 m, zwischen 3200 und 3000 v. Chr. bei NN –2,5 m. Um 3000 v. Chr. überflutete das Meer den Sied-

Im Laufe der Zeit verdrängten Moore und Schilfsümpfe die offenen Wasserflächen des Oldenburger Grabens. Grafik: Les Turner

lungsplatz. Die Ablagerung einer Muschelbank über dem Siedlungsplatz belegt, dass der Meeresspiegel schon seit dem 3. Jahrtausend v. Chr. anstieg. Im westlichen Teil der Niederung befindet sich bei Wangels eine weitere Siedlung, die mit ihrer Datierung zwischen 4300 und 3800 v. Chr. zeitlich zwischen Rosenhof und Siggeneben-Süd liegt. Wie diese Beispiele dokumentieren, bildeten die Fundplätze der Ertebölle-Kultur zwischen 5100 und 4100 v. Chr. in Ostholstein wohl größere stationäre Basisstationen, zu denen kleinere Funktionsplätze zur Jagd auf Seesäuger und Fische gehörten. Im Tierknochenmaterial der Erteböllestationen überwiegen stets größere Fleischlieferanten wie Rothirsch, Wildschwein und Reh. Die ältesten Nachweise von Hausrindern und etwas Ackerbau reichen bis etwa 4700 v. Chr. zurück.

Die Höhenlagen einzelner jungsteinzeitlicher Siedlungen in flachen Küstenabschnitten geben Hinweise auf damalige Meeresspiegelhöhen. So lag im Bereich des frühneolithischen Wohnplatzes von Siggeneben-Ost am Oldenburger Graben nahe der Lübecker Bucht aus der Zeit um etwa 2800 v. Chr. der Wasserstand zwischen NN –2 bis –2,3 m. Für den nächstjüngeren Abschnitt der mittleren Jungsteinzeit ergaben die Untersuchungen in Oldenburg-Dannau im Westteil des Oldenburger Grabens Wasserstandshöhen von NN –2 bis –1 m. Aus dem Bereich der unmittelbar nördlich der Dahmer Bucht liegenden, um 2500 bis 2400 v. Chr. datierten Siedlung bei Herings-

N

Holnis

Flensburger Förde

Langballigau

Geltinger Birk

Habernis

Ostsee

Flensburg

ANGELN

Schlei

SCHWANSEN

Schleswig

Eckernförde

Eckernförder Bucht

Haithabu

0   4 km

DÄNISCHER WOHLD

Jungmoräne	Strandwall	Steinzeitlicher Fundplatz
Sander	Höftland	Ort

Das ehemalige eiszeitliche Gletscherzungental der Flensburger Förde trennt Schleswig-Holstein von Dänemark. Eine weitere Förde bildet die bis Schleswig reichende Schlei. Grafik: Dirk Meier

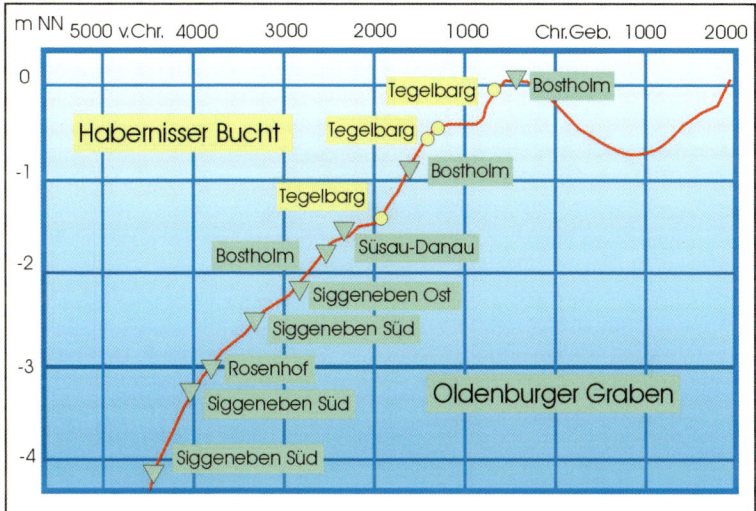

Der nacheiszeitliche Meeresvorstoß lässt sich an der Flensburger Förde (gelb) und am Oldenburger Graben (grün) anhand archäologischer Untersuchungen rekonstruieren. Auffallend ist ein starker Meeresspiegelanstieg von 4000 v. Chr. bis Chr. Geb., ein Absinken um 1000 n. Chr. sowie ein erneuter Anstieg seit dem Mittelalter. Grafik: Dirk Meier nach K. Brandt 1992

dorf-Süssau existieren Hinweise auf einen Wasserstand der Ostsee zur Zeit der Besiedlung zwischen NN –1 m und –1,5 m.

Die Auswirkungen des Wasserspiegelanstiegs auf die menschliche Besiedlung in der späten Jungsteinzeit und in den folgenden Perioden belegen auch zwei Wohnplätze am Südufer der Flensburger Förde. Dort war das Meer um 2700 v. Chr. bei einem Wasserstand von NN –2 m in eine kleine Bucht bei Habernis eingedrungen. Während der Hauptsiedlungsaktivitäten in Bostholm bei Habernis um 2500 bis 2400 v. Chr. lag der Wasserstand auf einem Niveau von NN –1,8 m. Da diese Werte denen des Oldenburger Grabens gleichen, könnten sie nicht nur lokal, sondern in etwa auch für den südwestlichen Ostseeraum generell gelten. Für den Zeitabschnitt zwischen 1900 und 1500 v. Chr. ist eine Ostseespiegelhöhe von NN –1,1 bis –1,3 m anzunehmen. Etwa zur gleichen Zeit, zwischen 2000 und 1500 v. Chr., ist auf dem 600 m entfernt liegenden Wohnplatz Tegelbarg mit Siedlungsaktivitäten zu rechnen. Der Meeresspiegelstand lag dort etwa NN –1,4 m bis –0,8 m tiefer als heute. In der Bronzezeit verließen die Menschen das Gebiet der Habernisser Bucht. In der Mitte des 1. Jahrtausends v. Chr., als der Bostholm wieder viehwirtschaftlich genutzt wurde, lag der Meeresspiegel der Ostsee etwa auf dem heutigen Niveau.

Weitere Belege für die Meeresspiegelschwankungen an der schleswig-holsteinischen Ostseeküste stammen von ausgedehnten Strandwallebenen der Flensburger Förde, den sog. Höftländern, wie dem von Langballigau oder der Geltinger Birk. In der frühen Nacheiszeit verlief die Langballigau mäandrierend in einem Tal. In der Nähe des ehemaligen Bachbettes lagen bis zu einer Tiefe von NN –27 m durch den Fluss aufgearbeitete Geschiebemergel, Steine, Kiese und Sande. Vor der heutigen Fördenküste erstreckte sich eine moorige Landschaft. Das Vordringen der Ostsee trug die Moränenkerne teilweise ab, verfrachtete das Material und schüttete das ehemalige Tal zu. Mit verlangsamter Meerestransgression bildeten sich allmählich Schwemmfächer und Strandwälle. Im 2. Jahrtausend v. Chr. war ein größeres Höftland entstanden. Komplizierte Prozesse der Erosion und Akkumulation, d. h. des Abtragens und Anhäufens der Meeresablagerungen, formten dieses immer wieder um. Dabei wanderte diese Strandwallebene von Osten nach Westen. Der nur noch relativ langsam, von NN –3 m bis NN steigende Meeresspiegel bewirkte dabei die Überwanderung seewärts liegender, älterer, flacher Strandwallebenen durch jüngere, höhere, langgezogene Wälle in westlicher Fortsetzung. Die niedrigeren Partien des Höftlandes und Strandwallsenken vermoorten. Die endgültige Abschirmung des Langballigautales durch das Höftland führte dazu, dass die ehemals aktiven Kliffs den Angriffen des Meeres entzogen wurden („tote Kliffs").

Jünger als das Höftland von Langballigau sind die heute noch erhaltenen Strandhaken der Geltinger Birk an der Flensburger Außenförde. Diese entstanden erst zu einem Zeitpunkt, als der Ostseespiegel erstmals die heutige Höhe erreicht hatte, somit vor etwa 2000 Jahren. Auch die Nehrung, welche die Eckernförder Bucht vom Windebyer Noor trennt, bildete sich in dieser Zeit. Um 1000 n. Chr. lag der Wasserstand etwa 80 cm unter dem heutigen Niveau. Der Tiefpunkt dieser Regression war um 1100 mit einem Wasserspiegel um NN –0,88 m erreicht. Infolge des wieder ansteigenden Ostseewasserspiegels vernässte das Gelände der Geltinger Birk, während sich zum Wasser hin neue, höhere Strandwälle aufbauten. Einen Anstieg des Wasserspiegels nach dem 11. Jahrhundert lassen auch Herdplatten und Türschwellen von Häusern des wikingerzeitlichen Haithabu erkennen, die unterhalb des heutigen Wasserspiegels des Haddebyer Noors lagen. Zur Zeit der Siedlungsgründung im 8. Jahrhundert war der Meeresspiegel niedriger als heute.

Betrachten wir diese Ergebnisse der Ostseespiegelschwankungen der letzten drei Jahrtausende zusammenfassend, stimmen diese zwar in ihrer Tendenz mit der Nordsee überein, aber letztlich bleiben Vergleiche aufgrund der wenigen punktuellen Untersuchungen schwierig. Die heutigen

Schadens- und Einkunftslisten belegen dabei das Ausmaß der Landzerstörungen in den nordfriesischen Uthlanden. So führt das um 1450 aufgeschriebene *Registrum Capituli Slesvicensis* (Einkünfteregister des Schleswiger Domkapitels) mit seinen älteren Auszügen von 1352 und 1407 unter den Kirchspielen, Kirchen und Kapellen des Herzogtums Schleswig auch die 1362 in der Edomsharde verlorenen an. Nach diesen nicht nachprüfbaren Listen sollen im Bistum Schleswig über 60 Kirchen, davon in Nordfriesland 51, in der Propstei Strand 25 und in Nordstrand 28 untergegangen sein. Da aber nur ein Jahrzehnt vorher, in den Jahren 1347 bis 1352, ein großer Teil der Bevölkerung an der Pest gestorben war, fielen die Menschenverluste sicherlich niedriger aus, als in den späteren Quellen angegeben.

Mit der endgültigen Zerstörung der alten Strandwallreste im Westen und dem Vorstoß der Norderhever lagen die Seemarschen der Insel Strand nun viel exponierter zur See. Der Kern der heutigen Insel Pellworm mit dem vom Schardeich umgebenen Großen Koog überdauerte jedoch die Marcellusflut von 1362, aber im Gebiet der Insel werden danach zehn Kirchen als verloren angeführt. Weitere Kirchspiele gingen in der Edomsharde zwischen dem heutigen Pellworm und Nordstrand unter, darunter das sagenhafte Rungholt, dessen Name 1345 auf einem Hamburger Testament auftaucht: Mehrere Urkunden des 13. und 14. Jahrhunderts belegen den Handelsverkehr zwischen Flandern, Bremen, Hamburg und der Edomsharde mit einem dazugehörigen Hafen. Als bedeutender Ort in der Edomsharde besaß Rungholt sicher eine Hauptkirche mit zugehörigen Kirchen.

Noch die von Johannes Mejer etwa zweihundert Jahre nach dem Untergang Rungholts im Jahre 1636 gezeichnete und von Peter Sax ergänzte historisierende Karte *clades Rungholtina* zeigt im Rungholt-Gebiet einen Deich mit einem Siel *(Emißarius Rungholtinus)*, einem großem Sielzug *(Agger Ripanus)* und den Niedamdeich *(Niedanum)*. Reste dieser Deiche, Siele und Sielzüge, Hofwarften, Wege, Felder, Sodenbrunnen kartierte der Nordstrander Bauer Andreas Busch seit 1921 im Watt nahe der Hallig Südfall. In dem von ihm so benannten Niedamdeich befanden sich zwei Siele (von Busch Schleusen genannt). Die Höhe des Bodens des einen Kammersiels lag mit NN −1,30 m nur etwa 45 cm tiefer als das durch das Siel entwässerte

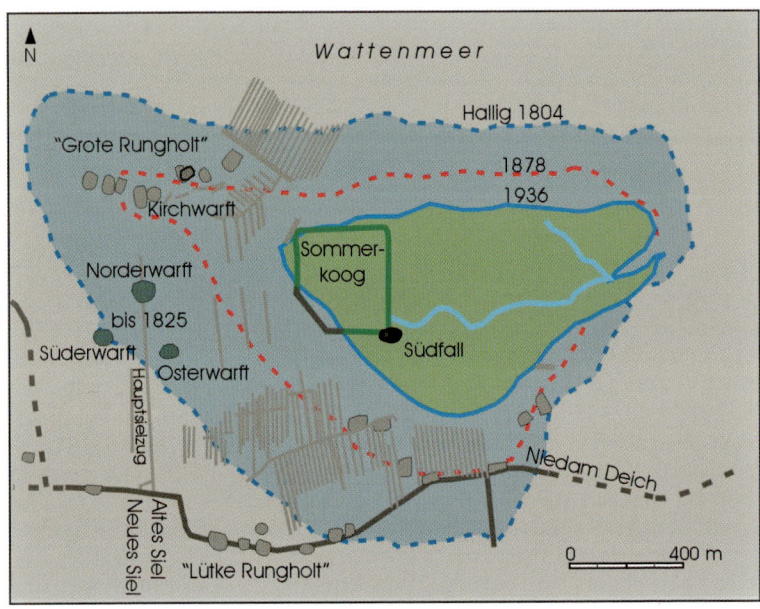

*Die heutige Hallig Südfall ist seit der frühen Neuzeit über der 1362 unterge-
gangenen Seemarsch aufgewachsen, deren Kulturspuren im Watt in Form
von Hofwarften, Fluren, Deichen und zwei Sielen seit den 1920er Jahren
von Andreas Busch kartiert wurden. Grafik: Dirk Meier*

Kulturland. Das Mittlere Tidehochwasser um 1362 nahm Andreas Busch
aufgrund des Sielbodens mit NN –0,44 m an, während das MThw heute bei
Strucklahnungshörn mit etwa NN +1,36 m sehr viel höher aufläuft.

Aufgrund des geringen Niveauunterschiedes funktionierte die Entwässerung im Mittelalter nur mangelhaft. Zerstörte die stürmische See den Seedeich und hielten keine Mitteldeiche das Wasser auf, breitete sich die Flut
rasch aus. Lag die Landoberfläche gar tiefer als das MThw, strömte das Wasser auch bei Ebbe in den Koog. Dies scheint 1362 im Rungholtgebiet der Fall
gewesen zu sein. Die Marcellusflut von 1362 zerstörte nicht nur das Siel und
den Deich, sondern überschwemmte auch das dahinter liegende tiefe Kulturland mitsamt den auf Warften liegenden Hofstellen. Ein Seitenarm der
Hever, die nach Nordosten vorstoßende Norderhever, drang nach Deichbrüchen in die Edomsharde ein, vernichtete das niedrige Kulturland und
bildete eine Bucht, so dass die Insel Strand nun die bis 1634 bestehende blei-

50

Die heutige Hallig Südfall ist oberhalb der 1362 untergegangenen Seemarsch aufgewachsen. Foto: Walter Raabe

bende hufeisenförmige Gestalt erhielt. Infolge der Flut wurde Pellworm kurzzeitig von dem Rest des Strandes getrennt.

Weitere Landverluste waren 1362 in dem Gebiet der später aufgewachsenen nördlichen Halligen zu verzeichnen. Die ehemals im Raum zwischen den heutigen Halligen Hooge und Habel liegenden, 1362 untergegangenen Kirchspiele gehörten zum Bereich der Pellworm-, Wirichs- und Beltringharde und somit zur Propstei des alten Strandes. Diese lagen jedoch auch vor der spätmittelalterlichen Katastrophe außerhalb der größeren geschlossenen bedeichten Gebiete im Süden. Die ersten Überflutungen erfolgten hier wohl aus nordwestlicher und nördlicher Richtung mit dem Gezeitenstrom der Norderaue, während die Süderaue sich erst 1362 stark vertiefte und weiter vordrang. Nördlich der Norderaue hatten sich die einst vor dem Sylter Geestkern von Archsum nach Süden und Osten ausdehnenden Seemarschen bereits in römischer Zeit sehr stark verkleinert.

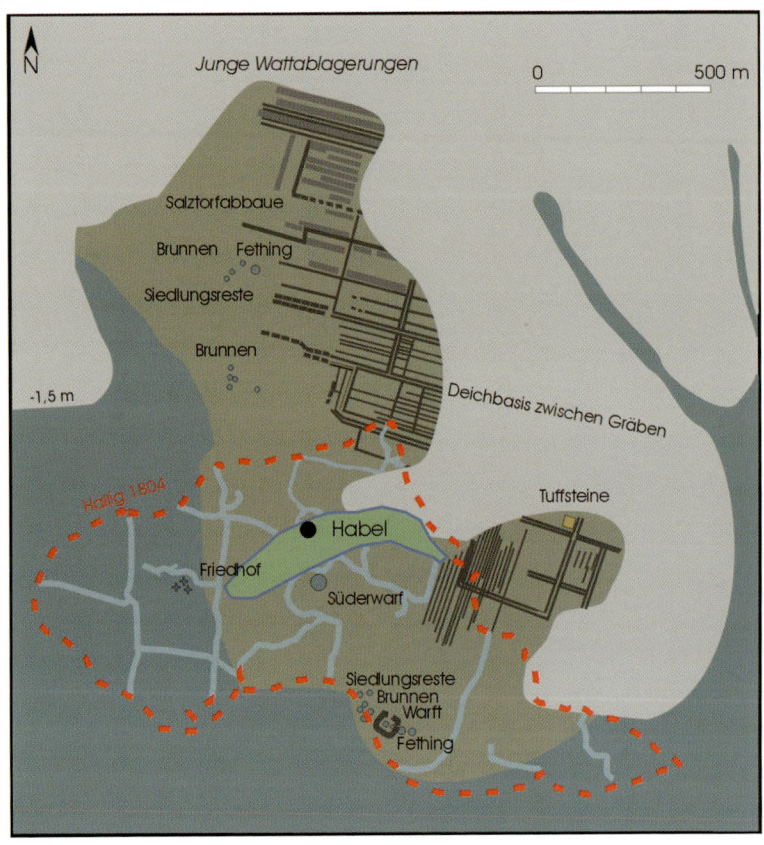

*Im Watt um Hallig Habel bedecken jüngere Sedimentablagerungen mittel-
alterliche Kulturspuren in Form von Gräben und Siedlungsresten. Über diesen ist die Hallig Habel aufgewachsen, die 1804 noch wesentlich größer war
als heute. Grafik: Dirk Meier nach A. Bantelmann 1966*

Schon im 13. oder frühen 14. Jahrhundert hatte die Hever wohl den
nördlichen Teil der Witzworter Nehrung durchstoßen, die Lundenbergharde in zwei Teile zerrissen und die Landverbindung des Strands mit Eiderstedt zerstört. Die Hever drang weiter bis an den Geestrand bei Husum
vor, und ein Seitenarm erreichte im Süden die Treene und Eider, so dass Ei-

derstedt vorübergehend zur Insel wurde. Geringere Landverluste traten in Dithmarschen auf, wo sich die Insel Büsum stark verkleinerte und Marschen an der Elbmündung mit Uthaven, dem Vorgängerort Brunsbüttels, untergingen.

Warum sind die Landverluste in den nordfriesischen Uthlanden größer als in Dithmarschen? Eine künstliche Entwässerung des ehemals vermoorten Sietlandes und der in Teilen der Uthlande, vor allem im Gebiet der heutigen nördlichen Halligen betriebene Salztorfabbau hatten zu einer Tieferlegung der Watt- und Marschoberflächen geführt. Die eingedeichten und entwässerten Marschen sowie die Salztorfabbauköge lagen nun teilweise tiefer als das Mittlere Tidehochwasser. Waren die niedrigen Deiche erstmal durchbrochen, schwemmte das Wasser die Oberfläche des tiefen Kulturlandes fort. Spuren des Salztorfabbaus sind noch heute in der in der Bökingharde und im Gebiet der nördlichen Halligen von Hooge bis Habel vorhanden. Die Oberfläche der heutigen Hallig Habel etwa liegt 3 m oberhalb des kultivierten Landes von vor 1362. Das ehemals sumpfige, von Schilfdickichten bedeckte Land hatten im hohen Mittelalter die ersten Siedler in Besitz genommen und entwässert. Siedlungsreste, Sodenbrunnen, Entwässerungsgräben, Deichreste und Spuren des Salztorfabbaus sind nördlich der Hallig auf einer Höhenlage von NN −1 m nachgewiesen.

Der Salztorfabbau begünstigte zwar die Landverluste, war jedoch nicht überall die eigentliche Ursache für den Untergang weiter Marschflächen. In der Edomsharde etwa, wo Rungholt lag, wurden weit weniger Salztorfe abgebaut als etwa im Gebiet der nördlichen Halligen. Entscheidender für die Auswirkungen der Katastrophenfluten war hier der geologische Untergrund. So verlaufen vom ehemaligen Eisrand Schmelzwassertäler von Osten nach Westen. Im Zuge des nacheiszeitlichen Meeresspiegelanstiegs war die Nordsee bis an die Festlandsgeest vorgedrungen und hatte diese Täler ebenso wie die höher gelegenen Gebiete der eiszeitlichen Oberfläche mit Sanden und Tonen aufgefüllt. Aufgrund der instabilen, tonigen, zu Sackungen neigenden Sedimente in den Tälern drangen die spätmittelalterlichen Sturmfluten mit der Ausbildung breiter Prielströme vor allem in diese Bereiche ein. Im Gebiet des heutigen Prielstroms der Norderhever befindet sich die Sohle der ehemaligen eiszeitlichen Schmelzwasserströme erst bei NN −15 und −18 m. Die heutigen Prielströme der Norderhever, Norder- und Süderaue folgen diesen ursprünglichen Tälern, während die Inseln Pellworm und Nordstrand auf sandigen, weniger zur Sackung neigenden Sedimenten oberhalb der hier höheren, bis NN −12 m ansteigenden, eiszeitlichen Oberfläche liegen. Die nach 1362 übrig gebliebene hufeisenförmige Insel Strand war ein Bereich, der mit seinen sandigeren, weniger sackungsfähigen Sedimenten oberhalb der Erhöhungen der eiszeitlichen Oberfläche lag. Nicht der Mensch und seine Wirtschaftsweise, sondern vor allem die

Die schleswig-holsteinische Nordseeküste vor 1634. In Nordfriesland erstreckt sich noch die große hufeisenförmige Insel Strand, die in der Zweiten Mandränke zerstört wurde. Grafik: Dirk Meier

Johannes Mejers Karte der nordfriesischen Utlande von 1651 zeigt die Veränderungen nach der zweiten Mandränke von 1634. Die Sturmflut hatte die
große Insel Strand in die Inseln Pellworm und Nordstrand zerrissen. Über
dem erhalten gebliebenen Hochmoor wuchs die Hallig Nordstrandischmoor
auf.

Natur verursachte in den Uthlanden die Auswirkungen der Katastrophen-
flut von 1362.

Zwar sank das Mittlere Tidehochwasser infolge der beginnenden Kleinen
Eiszeit seit 1490 wieder ab, dennoch kam es auch in der klimatisch deutlich
nachweisbaren Kaltphase wiederum zu Sturmfluten. Eine der schlimmsten
des 16. Jahrhunderts brach am 2. November 1532, am Tag nach Allerheili-
gen, über die Nordseeküste herein. In Nordfriesland lag die Höhe dieser
Flut – nach den Höhen der Flutmarken in der Kirche von Klixbüll zu urtei-
len – nur wenig unterhalb der von 1634. Die Flutberichte dieser Zeit enthal-
ten auch Angaben zu relativen Höhen der Sturmfluten, die auf die damalige
ordinäre Flut oder auf vorangegangene Sturmfluthöhen bezogen sind. Die
Höhe der ordinären Flut wurde an verschiedenen Stellen der Küste berechnet, indem man die Tagesfluten beobachtete und Mittelwerte bildete. An
einzelnen Bauwerken lassen Flutmarken die Höhe größerer Sturmflutereignisse erkennen.

Neben der Flut von 1362 formte die am 11. Oktober 1634 hereinbre-
chende Burchardiflut (Zweite Große Mandränke), in der die Insel Strand in
die Inseln Pellworm und Nordstrand auseinander brach, in den Grundzügen
die heutige Küstengestalt der schleswig-holsteinischen Nordseeküste.
Was die zeitgenössischen Berichte in Worte zu fassen suchten, war eine der
größten Naturkatastrophen ihrer Zeit in Nordfriesland. In Klixbüll am
Geestrand erreichte die Flut eine Höhe von NN +4,3 m. Das ganze Ausmaß der Schäden zeigt Johannes Mejers Karte der nordfriesischen Utlande
von 1651. Nach der großen Flut vom 11. Oktober 1634 waren von der
22 000 ha großen, hufeisenförmigen Insel Strand nur noch Pellworm und
Nordstrand, das Gebiet des Wüsten Moores sowie eine Reihe kleinerer
Inseln übrig geblieben. Letztere hatten einst die nördliche Küstenlinie der
alten Insel gebildet. Die aus dem ehemaligen nördlichen und östlichen
Außenrand der Insel Strand nach 1634 entstandenen Halligen sind mit
Ausnahme der 1923 an Nordstrand angedeichten Pohnshallig und Hamburger Hallig infolge späterer Sturmfluten alle verschwunden. Die niedrigeren Teile der alten Marscheninsel Strand mit Feldern, Wegen, Warften
und Kirchen bedeckte das Meer mit jüngeren Sedimenten. Vermutlich mehr
als 6000 Menschen – etwa zwei Drittel der Inselbevölkerung – hatten in
einer einzigen Sturmnacht ihr Leben verloren. Nur einigen der Einwohner
Strands war die Flucht auf das Hochmoor der Insel gelungen. Hier blieben
sie die nächsten Jahre, um dürftig ihr Leben durch etwas Ackerbau, Fischfang und Torfgraben zu fristen. Während die ersten behelfsmäßigen Be-
hausungen noch auf dem Hochmoor angelegt wurden, mussten infolge
höherer Sturmfluten bald Warften aufgeworfen und weiter erhöht werden.
Das Moor bedeckten Meeresablagerungen, auf denen Salzwiesen aufwuch-
sen. Warften und Äcker verschlang das Meer und bedeckte sie mit Sedi-

menten. Teile dieser ehemals vermoorten und durch Entwässerung nutzbar gemachten Kulturlandschaft der untergegangenen Kirchspiele von Bupte, Osterwohld und Westerwohld legte der Prielstrom des Rummellochs wieder frei. Nördlich der heutigen Insel Strand kamen Spuren des untergegangen Morsum im Watt zutage, wo nach einer zeitgenössischen Quelle 396 Menschen ertranken.

Die Flut von 1634 zerstörte auch den Stackdeich der Lundenbergharde. Auch die Elbmarschen blieben von Sturmfluten nicht verschont. So waren schon 1602 und 1625 ebenso wie 1634 Wassermassen in die Elbmarschen eingebrochen.

Wie war es zu dieser Katastrophe gekommen? Die damaligen Deiche waren oft nicht höher als 10 Fuß (etwa 3 m) über dem Mittleren Tidehochwasser. Der maximale Wasserstand erreichte 1634 aber etwa 4 m über MThw, so dass die Deiche an 40 bis 50 Stellen brachen. Die Deichbrüche bei Brunock-Stintebüll bahnten dabei der Norderhever ihren Weg mitten durch die alte Insel. Nördlich von Pellworm drang aus westlicher Richtung das Rummelloch in das Gebiet des Kirchspiels Buphever vor. Auf die Zerstörung der Deiche und die Umwandlung des ehemaligen Kulturlandes folgte eine schnelle Zerschneidung des Marschlandes durch Gezeitenrinnen und dessen Umwandlung in Wattflächen.

Wiederbedeichungsversuche im Gebiet des alten Strandes waren nach 1634 zunächst nur auf Pellworm möglich. Hier gelang in den Jahren 1635 bis 1637 die Wiederbedeichung einiger Köge, darunter des Großen Kooges. Die westlichen Seedeiche mussten hingegen im Osten neu angelegt werden. Nach einer Unterbrechung von 20 Jahren wurden die Bedeichungen fortgesetzt. Die direkt ohne Vorland an die See grenzenden Deiche im Westen, Süden und teilweise auch im Osten der Insel waren kaum zu halten, und im 18. Jahrhundert mussten erhebliche Flächen ausgedeicht werden. Neuland wuchs im Lauf der Zeit aber im Nordosten der Insel an, wo 1938 der Bupheverkoog entstand, während die Seedeichlinie von 1794 bis 1804 im Westen und Süden noch mit der heutigen Küstenlinie übereinstimmt. Hier können die Deiche bis heute nur mit einem erheblichen Aufwand gehalten werden, und auch der neueste Generalplan für den Küstenschutz des Landes Schleswig-Holstein sieht hier Deichverstärkungen vor. Auf Nordstrand waren anders als in Pellworm alle Versuche der Bevölkerung gescheitert, die niedrige Inselmarsch wieder durch Deiche zu schützen. Erst 1652 unterschrieb der Gottorfer Herzog Friedrich III. (1597–1659) einen Oktroi, der Quirinus Indervelden weitgehende Rechte versprach, wenn er die Insel bedeichen konnte. Gegen den Widerstand der Einheimischen und unter großem Kapitaleinsatz durch landfremde Geldgeber – Holländer, Flamen und Franzosen – gelang dann dieses Unternehmen. Durch die verbesserte Deichbautechnik und den Einsatz von Kapital war es somit seit der frühen Neuzeit nicht nur

Im nordfriesischen Wattenmeer dokumentieren untergegangene Warften und Fluren das Drama der Sturmfluten und früheren Landverluste. Foto: Walter Raabe

möglich, Marschen zu sichern, sondern es erfolgten auch immer weitere planmäßige Landgewinnungen, durch die sich die Küstenlinie veränderte.

Nach 1634 war die Sturmflut von 1717/18 die verheerendste für die deutsche Nordseeküste. Der Scheitel der Weihnachtsflut von 1717 lag in Tönning zwar unter dem der bis dahin schwersten Sturmflut von 1634, in Husum aber 60 bis 90 cm darüber. Zwischen Emden und Tondern ertranken 1717/18 etwa 9000 Menschen, in den Niederlanden über 2500. In seiner Eiderstedter Chronik von 1740 berichtet Peter-Hans Rosien über die Flut von

1717, dass *am Heiligen Christ Abend die Flut 4 Fuß über die Haffteiche* (Seedeiche) gegangen sei und das Wasser in Osterhever eingebrochen sei. Für Dithmarschen fasste Johann Adrian Bolten die Schäden 1781/88 zusammen. Danach wurde 1717 die ganze Marsch nach zahlreichen Deichbrüchen bis 2,1 m hoch überschwemmt. Nur für die Bewohner der bis NN +6,20 m hohen Dorfwurt Wöhrden bestand keine Lebensgefahr. Eine erneute Sturmflut in der Nacht vom 25. auf den 26. Februar 1718 verschlimmerte die Lage in den Marschländern noch, da das Wasser infolge der vielen Deichbruchstellen weit in das Landesinnere strömte. Die Eisflut erreichte zwar nicht die Wasserstände vom Dezember 1717, aber das Zusammenwirken von hohem Wasserstand und an die Deiche rammenden Eisschollen verursachte schwere Schäden. Zwar war der wirtschaftliche Schaden der Sturmflut immens, aber es kam nicht zu nennenswerten Landverlusten.

Auch in der Neujahrsflut vom 31. Dezember 1720 auf den 1. Januar 1721 brachen die Deiche. In manchen Marschregionen lief das Wasser entsprechend der Tide ständig ein und aus. Aufwendige und teure Reparaturen verschlangen zwar viel Geld, aber gleichzeitig begannen die jeweiligen Landesherren mit weiteren Landgewinnungsmaßnahmen an der Nordseeküste.

Die für die Küstenregion so wichtige Landwirtschaft geriet als Folge der Fluten in den Jahren 1717 bis 1772 in eine schwere Krise. Die hohe Schuldenlast, der versalzte Boden infolge des ständig ein- und auslaufenden Wassers und die Zerstörungen trieben viele Bauernfamilien in den wirtschaftlichen Ruin. Um solche Katastrophe nicht wieder eintreten zu lassen, bemühten sich die Landesherren um eine Verbesserung des Küstenschutzes. Im Jahre 1767 (1773) erschien das neue Lehrbuch von Albert Brahms zum Deichbau. Infolge der technisierten Zeit glaubte man sich bald hinter den Deichen sicherer als jemals zuvor. Allerdings hatte man den Anstieg des Meeresspiegels im 19. Jahrhundert noch nicht erkannt, sondern berechnete die Höhen der Deiche aufgrund der Erfahrungen bisheriger Sturmfluten. Nach 1700 war das Mittlere Tidehochwasser aber wieder langsam angestiegen, da sich das Ende der Kleinen Eiszeit abzuzeichnen begann.

Dies hatte fatale Auswirkungen, denn am 3./4. Februar 1825 überschritt die Sturmflut am Pegel Husum mit einer Höhe von NN +5,09 m alle bis dahin bekannten Höhen. Alle nach dem Maß der vorhergehenden höchsten Flut von 1717 verstärkten Deiche überströmte daher die tobende See. Auch die erst 1799 auf Pellworm neu erbauten Deiche überlief das Wasser bis zu einer Höhe von 1,20 m. Infolgedessen brachen die Deiche an neun Stellen. Weite Gebiete Nordfrieslands und Dithmarschens standen teilweise bis an den Geestrand unter Wasser. Es ertranken 800 Menschen und rund 50 000 Tiere. Besonders betroffen waren die nordfriesischen Halligen. Hier ertranken 74 Menschen, 2603 Stück Vieh kamen um, und 88 Häuser wurden zerstört.

Auch nach 1825 kam es zu mehreren schweren Sturmfluten, wobei die von 1962 besonders in Hamburg zur Katastrophe wurde. Es begann am 12. Februar 1962 mit einem kräftigen Sturmtief, das vom Nordatlantik nach Skandinavien vordrang und mit dem Nordweststurm Orkanböen über die deutsche Nordseeküste brachte. Trotz einer Hochflut kam es aufgrund des abflauenden Windes nicht zu einer kritischen Sturmflutsituation. Am 13. Februar entwickelten sich bei Neufundland jedoch Zyklone, und der starke stürmische Nordwest- bis Nordwind erreichte auch die Nordsee. Ein kalter Polarluftvorstoß traf dort auf subtropische Warmluft und das kräftige Azorenhoch. Ein Teiltief bog bei Kap Farvel an der Südspitze Grönlands ab und zog rasch zum Europäischen Nordmeer, wo es am 15. Februar ein selbständiges Sturmtief ausbildete, das schnell in die nördliche Nordsee übergriff.

Am 16. Februar gegen 9.30 Uhr meldete das Wetteramt Schleswig das Herannahen eines Sturmtiefs mit Orkanböen. Das Deutsche Hydrographische Institut gab bekannt, dass das Hochwasser 2 bis 2,5 m über Normal auflaufen werde. Um 20 Uhr meldeten die Nordsee-Feuerschiffe Borkumriff und P 8 Südweststurm in einer Stärke von 8 Beaufort (Bft), am nächsten Vormittag war es schon eine Sturmstärke mehr. Gegen 22 Uhr waren 9 bis 10 Bft, in Böen sogar bis 12 Bft erreicht. In der mittleren und nördlichen Nordsee tobte der Sturm am heftigsten. In der Nacht vom 16. auf den 17. Februar rollte aus nordwestlicher Richtung eine sehr hohe Flutwelle auf die deutsche Nordseeküste zu. Anders als die erste Flut vom 12./13. Februar, die keine nennenswerte Höhe erreichte, bewirkte die am 16./17. eine Katastrophe. Spitzenböen erreichten die Elbmündung.

Alle Seedeiche entlang der deutschen Nordseeküste gefährdeten hoher Wasserstand, starke Brandung, hoher Wellenauflauf und Wellenüberschlag. Die Sturmtide, noch verstärkt durch nordatlantische Fernwellen, führte zu bis dahin nicht gesehenen Scheitelwasserständen von NN +5,70 in Hamburg, +4,94 m in Büsum und +5,61 m in Husum. In Hamburg hatten sich die Deichkronen von NN +5,7 m als zu niedrig erwiesen. Am Pegel Schulau erreichte der Scheitelwasserstand eine Höhe von bis dahin nicht gekannten NN +5,86 m. Die höchste Sturmflut war bis dahin die des Jahres 1825 gewesen, bei der ein höchster Wasserstand von NN +5,24 m gemessen worden war. Diese Fluthöhe war seitdem maßgebend für die Sicherheit in Hamburg gewesen, nach der man die Höhe der Deiche auf NN +5,60 m festgelegt hatte. Die Hollandsturmflut von 1953 hatte zwar in Hamburg zu einer Überprüfung und Verstärkung der Deiche geführt. Diese war jedoch noch nicht überall abgeschlossen. Als die Sturmflut Hamburg erreichte und das Wasser am Pegel St. Pauli auf NN +5,70 m stieg, lag dieser 50 cm über dem von 1825 und 1 m über allen in den letzten Jahrzehnten aufgetretenen Wasserständen.

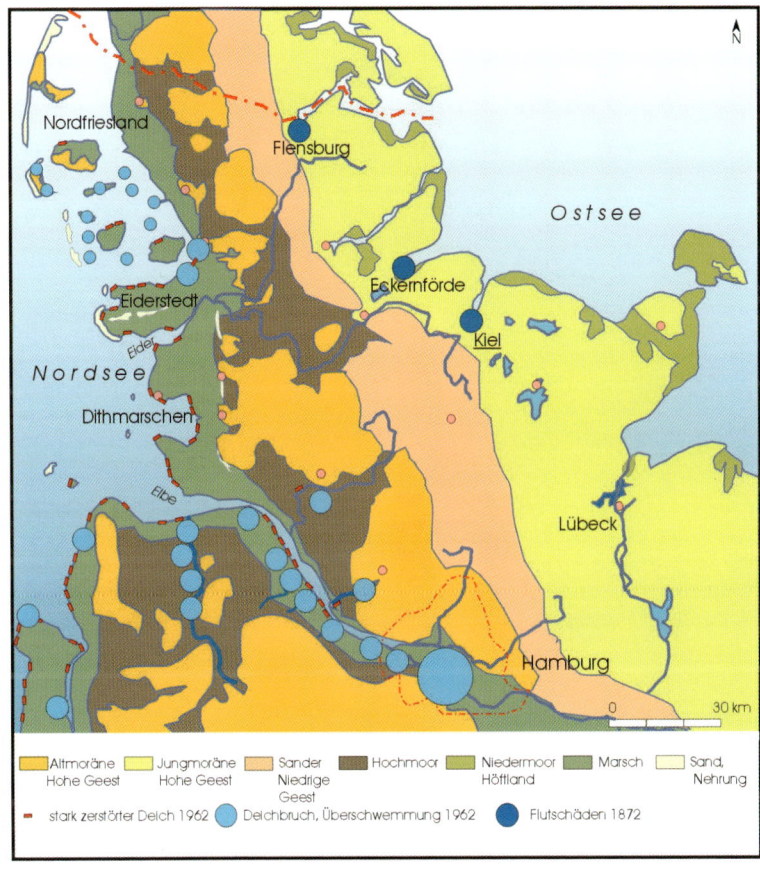

Die schadenreichste Sturmflut der Neuzeit ereignete sich im Februar 1962. An der schleswig-holsteinischen und niedersächsischen Nordseeküste ebenso wie in den Elbmarschen brachen an manchen Stellen die Deiche. In Hamburg wurden große Teile der niedrig gelegenen Stadtteile von Moorburg überschwemmt. Nicht ganz 100 Jahre früher hatte eine schwere Flut die Ostseeküste betroffen. Grafik: Dirk Meier

Die Flutwelle erreichte in Hamburg nicht nur eine außergewöhnliche Höhe, sondern trat auch früher als erwartet ein. Die Vorhersage des Hochwassers für St. Pauli lag bei 3.46 Uhr, tatsächlich erreichte die Flut den Pegel

Die Sturmflut vom Februar 1962 zerstörte auch dieses Haus auf der dritten Neupeterswarft auf Langeneß-Nordmarsch. Im Vordergrund der von der Flut vollgeschlagene Fething. Foto: Erich Wohlenberg

schon um 3.05 Uhr. Bereits um 1.10 Uhr war mit NN +5,20 m der Wasserstand von 1825 erreicht. Diese Marke, die als Maß der Deichsicherheit galt, überschritt die Flut 3,5 Stunden lang. Infolge der Belastung brachen die Deiche an 60 Stellen, wobei die große Zahle der Brüche erst erfolgte, nachdem das Wasser die Krone überströmt und die mit 1:1,5 zu steile Innenböschung zerstört hatte. Dort, wo asphaltierte Straßen auf den Deichkronen verliefen, bewirkten sie ein gleichmäßiges Überströmen der Deiche und verhinderten Schlimmeres. Insgesamt 12 500 ha des Stadtgebietes – rund ein Sechstel – wurden überflutet. So ertranken in Hamburg 315 Menschen, 1255 Wohnungen wurden zerstört und rund 27 000 Wohnungen beschädigt. Hinzu kamen die Verluste der in den Häfen lagernden Güter. Der gesamte materielle Schaden belief sich etwa auf 5 Milliarden DM.

Die Elbdeiche der schleswig-holsteinischen Elbmarschen hielten zwar, aber infolge des Hochwasserrückstaus in die Stör, die Krückau und die Pinnau waren die Deiche auf den frontal dem Weststurm ausgesetzten Strecken stark angegriffen. Der größte Deichbruch ereignete sich im Deich der Münsterdorfer Marsch bei Itzehoe.

An der schleswig-holsteinischen Nordseeküste waren die Landesschutzdeiche zwischen Brunsbüttelkoog und Husum stark betroffen. Sehr schwere Schäden richtete der Sturm an den See- und Binnenseiten der Deiche entlang der Nordseite der Halbinsel Eiderstedt an, wo der Deich des Uelvesbüller Kooges auf einer Länge von 100 m brach. In Nordfriesland flaute der Wind kurz vor dem höchsten Wasserstand ab. Zu diesem Zeitpunkt war die Nordsee aber bereits in viele der Häuser auf den Halligen eingedrungen und hatte die Fethinge versalzen. Infolge der nahezu vollendeten Seedeichverstärkung überstanden Pellworm, Nordstrand und Föhr die Sturmflut. Zu Schäden an Dünen, Küstenbauwerken und Promenaden kam es aber auf Sylt und Amrum.

Nach 1962 wurden im Rahmen der jeweils fortgeschriebenen Generalpläne zum Küstenschutz viele Deiche begradigt, verstärkt und bis NN +8,80 m erhöht. Seit 1973 schließt ein Sperrwerk die breite Eidermündung zwischen Norderdithmarschen und Eiderstedt ab. Am 3. Januar 1976 staute der ungeheure Winddruck des Capella-Orkans die Wassermassen der Nordsee fünf Stunden an den Deichen der Elbe und an der Westküste Schleswig-Holsteins auf eine bis dahin nicht erreichte Höhe über NN: In Hamburg traten Scheitelwasserstände von +6,45 m, in Büsum von +5,16 m und in Husum von +5,66 m ein. In der Haseldorfer Marsch brach der noch nicht verstärkte Deich, ebenso im Dithmarscher Christianskoog. In Büsum blies der Orkan in Windstärken von 10 bis 12 Beaufort mit Spitzenböen von bis zu 145 km/h. Hätten die Deiche an der ganzen Küste noch eine Bemessungsgrenze wie 1962 gehabt, wären sie an vielen Stellen gebrochen. Schwere Stürme gab es auch seit 1976, doch führten diese aufgrund des verbesserten Küstenschutzes nicht mehr zu Deichbrüchen an der Nordseeküste.

Sturmfluten an der Ostseeküste

Anders als an der Nordsee haben in historischen Zeiten Sturmfluten an der Ostsee nicht zu größeren Küstenlinienveränderungen geführt. Für die Ostsee spricht das Bundesamt für Seeschifffahrt und Hydrographie (BSH) dann von Sturmfluten, wenn die Pegelstände um 1,5 m erhöht sind, bei schweren Sturmfluten steigt der Pegel bis auf 2 m an, bei sehr schweren liegt er darüber. An den Außenküsten von Mecklenburg reicht bereits eine Pegelhöhe von 1,71 m über Normal, an Bodden- und Haffküsten von 1,31 m, damit es sich um eine schwere Sturmflut handelt. Wie an der Nordseeküste erfolgen in Schleswig-Holstein auch an der Ostseeküste seit dem 19. Jahrhundert Pegelaufzeichnungen.

Vereinzelt sind auch Sturmflutereignisse aus früheren Jahrhunderten dokumentiert. Die dichte Folge der Sturmfluten des 14. Jahrhunderts an der Nordseeküste legt die Frage nahe, ob es in diesem unseligen Jahrhundert nicht auch zu Katastrophen an der Ostseeküste kam. In der Tat gibt es solche Hinweise. Die schwere Allerheiligenflut vom 1. November 1304 traf insbesondere Vorpommern. Wie andere entstand sie dadurch, dass nach tagelangen starken Westwinden in der mittleren und nördlichen Ostsee sich das Wasser staute und nach einem Umschwung der Winde auf Nordost auf die pommersche Küste ergoss. Möglicherweise ging dabei zwischen der Rügener Halbinsel Mönchgut und Usedom eine Landverbindung verloren, was auch den Binnenseecharakter des Greifswalder Boddens veränderte.

Von einer weiteren Flut berichtet die Stralsunder Chronik von 1365. Die Höhe dieser Sturmflut lässt sich mit 3,20 m über dem Mittleren Hochwasser nur schätzen. Am 15. September 1497 stand das Wasser in allen Straßen und Gassen Königsbergs. Zudem zerstörte diese Sturmflut Teile der Danziger Nehrung. Der zeitgenössische Bericht des Christoph Beyer (1458–1518) beschreibt, dass der Sturm 24 Stunden unaufhörlich wehte und die Danziger Deiche zerstörte. Das aus Holz bestehende Seebollwerk wurde vernichtet, und die ganze Stadt stand unter Wasser. Zusätzlich verschärfte sich die Situation durch den Einbruch der Wellen in die Mündung der Weichsel, die über ihre Ufer trat. Neben Danzig waren auch Rügenwalde, Stettin, Kolberg, Stralsund und Wismar sowie andere Städte der Ostseeküste betroffen.

Neun Jahre vor der Zweiten Mandränke, die 1634 so verheerend für Nordfriesland gewesen war, wird ebenfalls eine schwere Sturmflut für die Ostseeküste überliefert. Infolge der Sturmflut vom 10. Februar 1625 kam es sogar zu dauerhaften Landverlusten im Gebiet der Kolberger Heide bei Heidkate in Ostholstein. Der bis dahin bestehende Kolberger Hof gehörte seinerzeit zum hier flachen Festland, während die Küste weiter im Norden lag. Noch 1822 zur Zeit des Deichbaus erstreckte sich das Land bis 75 m weiter nach Norden, während die heutige Küstenlinie fast am Deichfuß verläuft.

Als besonders schwere Flut der Neuzeit ist die vom 13. November des Jahres 1872 gut dokumentiert. Wasserstandsmarken – wie am Kompagnietor in Flensburg und in Eckernförde – erinnern noch an die Katastrophe. In den Flensburger Nachrichten war zu lesen: *Es war ein Schrecknis von unerhörter Furchtbarkeit: das Wasser stieg mehr als 3 m über seine gewöhnliche Höhe und übertraf den bisher höchsten Wasserstand von 1694 um 60 cm, den des Jahres 1836 um 67 cm. Niemand war auf ein solches Naturereignis vorbereitet; soweit beglaubigte geschichtliche Nachrichten reichen, hatte man von einem solchen Wüten nicht gehört.* Ganz so stimmt das nicht, denn so ungewöhnlich war diese Flut trotz ihres durchschnittlich mit NN +3,30 m hohen Wasserstandes nicht. Ein Vergleich mit einem Sturmflutereignis von 1976 zeigt den typischen Verlauf. Beide Fluten entwickelten sich trotz ihrer unterschiedlichen Schwere in drei Phasen. Zunächst stauten Sturmwinde aus westlicher Richtung über mehrere Tage den östlichen Teil der Ostsee auf. Zwischen den Belten und dem Kattegat betrug das Spiegelgefälle des Wassers 2 m. Zugleich strömten große Wassermassen aus der Nordsee in das Ostseebecken und vergrößerten die Schwungmasse der Ostsee. Als der Sturm nach Nordosten eindrehte, begann die zweite Phase dieses Naturphänomens. Die gestauten Wassermassen konnten teilweise nicht mehr in die Nordsee ablaufen. Durch die Steigerung des Sturms, der am 13. November 1872 mit 31 m/s Orkanstärke (Windstärke 11 Bft) erreichte, stiegen infolge des Rückschwappens die Wasserstände der westlichen und südlichen Ostsee schließlich auf ihre Höchstmarken. Erst das weitere Eindrehen des Sturms über Südost nach Süden und sein Abflauen ließen die Wasserstände schnell wieder fallen.

Wegen des hohen Scheitelwasserstandes ist diese Sturmflut von 1872 statistisch als ein Jahrhundertereignis, wenn auch nicht als ein Jahrtausendereignis zu werten. Am schwersten waren die Schäden in Eckernförde, das aufgrund seiner Lage an der weit nach Nordosten geöffneten Eckernförder Bucht besonders exponiert lag. Das gesamte Stadtgebiet wurde überflutet. Das Wasser zerstörte 78 Häuser und beschädigte weitere 138. Dadurch wurden 112 Familien obdachlos. An der gesamten Ostseeküste verloren mindestens 271 Menschen das Leben, 2850 Häuser wurden vernichtet oder beschädigt, und 15 160 Menschen mussten ihr Heim verlassen. Eine Sturmflut ähnlichen Ausmaßes könnte heute durchaus höhere Schäden anrichten, da die Küsten dichter besiedelt sind als damals.

Eine andere Gruppe von Ostseesturmfluten nahm einen anderen Verlauf. Dazu gehören die von 1898, vom Februar 1979, vom Winter 1986/87, vom Sommer 1988 und vom Winter 1989. Starke Nordost- bis Ostwinde/Stürme verursachten in der westlichen und südlichen Ostseeküste eine Windstauflut, deren Wasserstände, Richtung und Verlauf der auflandige Sturm steuerte. Diese Sturmfluten flauten erst mit der Abnahme der Windstärken ab. Eine starke Nordoststurmflut entsteht vor allem dann, wenn über Nordeuropa ein Hoch liegt und gleichzeitig von Südosteuropa ein starkes Mittelmeertief nach Norden oder Nordwesten zieht.

So eine Situation ereignete sich auch vom 12. bis 15. Januar 1987. Es trat nicht nur eine schwere Sturmflut ein, sondern vor allem die Mecklenburger Küstenregion versank unter einer 50 cm starken Schneedecke. Mit der Sturmflut ging ein einem Blizzard ähnlicher Ostseezyklon einher. Andauernde kalte Polarströmungen aus östlicher bis nördlicher Richtung können dabei auch eine Vereisung der Wasseroberfläche der Ostsee herbeiführen, wie dies in den Eiswintern 1928/29, 1939/40, 1941/42, 1946/47, 1962/63 und 1986/87 der Fall war. Vorboten solcher Eiswinter sind Vereisungen der nördlichen und östlichen Ostsee. Gleichzeitig drängt oft ein Hoch über

England den atlantischen Westwind in Richtung Nordpol ab. Solche großflächigen Vereisungen sind jedoch selten und seit 1987 nicht mehr aufgetreten. Möglicherweise ist dies bereits ein Effekt des wärmer werdenden Klimas. Die jüngste schwere Sturmflut an der Ostsee trat mit Orkanböen am 3./4. November 1995 auf. Diese entstand auf der Rückseite eines von Südskandinavien nach Polen ziehenden Orkans.

Statistische Berechnungen zeigen, dass in den vergangenen 90 Jahren etwa 94 leichte, 18 schwere und keine sehr schwere Sturmflut an der Küste der westlichen Ostsee aufgelaufen sind. Entsprechend lassen sich die leichten Sturmfluten als typische Jahresereignisse einstufen, schwere Sturmfluten treten hingegen im Mittel alle fünf Jahre auf. Mit NN +3,38 m bildet die Extremflut von 1872 den Spitzenwert, gefolgt von einer Reihe schwerer Sturmfluten mit Höhen zwischen NN +1,80 und +2,50 m. Während Starkwindlagen (6–7 Bft), Sturm (8–11 Bft) und Orkan (über 12 Bft) aus Westen kann es auch zu Salzwassereinbrüchen der Nordsee in die Ostsee kommen.

4. Reaktionen:
Historischer und moderner Küstenschutz

Bis in das 1. nachchristliche Jahrtausend hinein reagierten die Menschen nur passiv auf die Gefahren der Natur. Als sich die Küstenlinien infolge der nacheiszeitlichen Meeresspiegelschwankungen wandelten, zogen sich die Jäger und Sammlergruppen aus den Gebieten zurück, die vom Meer überschwemmt wurden. Als Viehhaltung und etwas Ackerbau treibende Siedlergruppen die Nordseemarschen Schleswig-Holsteins seit dem frühen 1. Jahrhundert n. Chr. besiedelten, legten sie ihre Hofplätze auf höheren Uferwällen auf der Marsch an, die sie schon bald infolge drohender Sturmfluten zu Warften (Wurten) erhöhten. Wurden hingegen die Niederungsgebiete an der Ostsee überschwemmt, zogen sich die Menschen auf die höheren Geestflächen zurück. Während des gesamten 1. Jahrtausends n. Chr. bildete der Bau von Warften die auffälligste und einzige Reaktion des Menschen auf die Gewalt des Meeres. Erst der Bau von Deichen entzog die Salzwiesen den regelmäßigen Überflutungen.

Deichbau vom Mittelalter bis zur frühen Neuzeit

Der Schutz des Wirtschaftslandes durch Deiche seit dem hohen Mittelalter steht zusammen mit der künstlichen Regelung der Binnenentwässerung

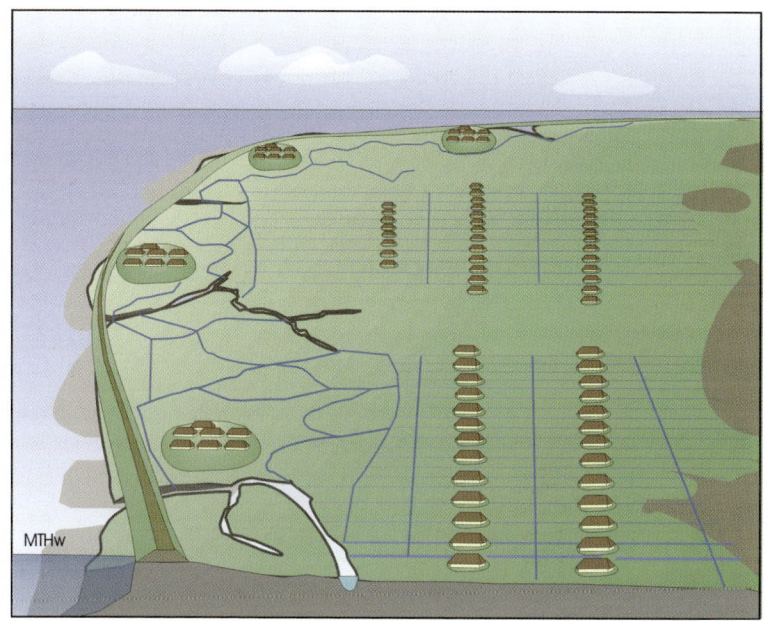

Erst die Bedeichung und künstliche Regelung der Binnenentwässerung erlaubte eine Ausweitung der Besiedlung in die ehemals vermoorten Marschen. Hier entstanden Marschhufensiedlungen einzelner Hofwurten mit anschließenden Streifenfluren. Infolge der Entwässerung verschwand das Moor. Grafik: Dirk Meier

vermoorter Flächen somit am Beginn der Umwandlung der Nordseemarschen zu einer flächenhaft besiedelten Kulturlandschaft, die bis heute das Erscheinungsbild des Küstengebietes formt. Die ersten Deiche, deren Höhe sich nach empirischen Erfahrungen richtete, folgten dem Verlauf der vielen Buchten und Prielstrome und wurden immer in einem gewissen Abstand zur See errichtet. Möglicherweise gab es in Nordfrankreich und Flandern erste Flussdeiche bereits im 10. Jahrhundert, während Seedeiche entlang der Nordsee bislang nicht vor dem 12. Jahrhundert nachweisbar sind. Ein erster indirekter Hinweis auf die Existenz von Deichen in den nordfriesischen Uthlanden lässt sich einer Urkunde des Jahres 1198 entnehmen, die Anweisungen des Papstes Innozenz III. an den Propst des „Strandes" enthält. Darin ist von „der Überschwemmung der Gewässer" und von den durch

„Gräben bereiteten Hindernissen" die Rede. Dies lässt, ähnlich wie in den Elbmarschen, auf eine Kultivierung vermoorter Marschen schließen. Im Zusammenhang mit der Erwähnung der Friesen schildert Saxo Grammaticus (1150–1220) in seinen *Gesta Danorum*, der dänischen Geschichte, erstmals die Folgen von Deichbrüchen.

Die bisherigen Profilschnitte mittelalterlicher Deiche aus Eiderstedt und Nordfriesland zeigen, dass im 12. Jahrhundert niedrige, bis NN +1,50 m hohe Sommerdeiche mit flachen Böschungen aus Kleisoden aufgeschüttet wurden, die bis 1362 auf NN +2 m erhöht wurden, um auch die Wintersturmfluten abzuhalten. Die durchschnittliche Breite dieser Deiche lag meist bei 6 m, wobei die Böschungen im Regelfall eine Neigung von 1:4 an der Seeseite und 1:2 an der Landseite besaßen. Die Deiche des 14./15. Jahrhunderts wiesen hingegen schon Breiten von bis zu 15 m auf. Solche mittelalterliche Deiche sind im nördlichen Eiderstedt besonders gut erhalten, wo im Gebiet von Poppenbüll und Osterhever mehrere Kleinköge auf lokale Eindeichungen schließen lassen. Den sicheren Schutz der Bewohner vor Sturmfluten bildeten hier aber noch lange Zeit die Warften. Archäologische Untersuchungen des Verfassers belegen, dass die im 12. Jahrhundert im nördlichen Eiderstedt neu errichteten Warften bis NN +3 m hoch aus Klei aufgeworfen und im 14. Jahrhundert noch um einen Meter erhöht wurden. Diese Beobachtungen decken sich mit weiteren siedlungsarchäologischen Untersuchungen auf der nordfriesischen Insel Pellworm. Hier war schon um 1200 mit dem Großen Koog ein größeres Marschgebiet bedeicht, in dem mehrere Hofwarften lagen.

Die Unterhaltung der Deiche oblag im Mittelalter den bäuerlichen Genossenschaften. Infolge der Selbstverwaltung der einzelnen Küstenregionen kam es jedoch nicht zu überall gültigen Rechten. Erst mit dem überregionalen, von den Landesgemeinden organisierten Deichbau entwickelte sich aus den alten Gewohnheitsrechten schriftlich fixierte Rechte. In dem um 1230 verfassten Sachsenspiegel des Eike von Repgow finden wir im zweiten Buch des Landrechts im 56. Artikel drei Paragraphen zum Wasser- und Deichwesen, die sich zwar auf Wasserläufe (Flüsse) beziehen, aber auch als geschriebenes Deichrecht gelten können. In Dithmarschen entschied zunächst die bäuerliche Führungsschicht der Geschlechter auch über den Deichbau. Erst das Landrecht von 1447 regelte übergreifend das Dithmarscher Deichwesen. Wiederum übernahmen die Kirchspiele dabei die Organisation des Deichbaus. In den schriftlich abgefassten Teilen der nordfriesischen Landrechte von 1426 gibt es noch keine Bestimmungen zum Deichrecht. Erst ein 1444 bis 1448 niedergelegtes Gerichtsprotokoll schildert einige Klagen. In solchen Niederschriften finden sich immer wieder Verletzungen des Deichfriedens. Der Deichbau blieb Sache der einzelnen Harden als der königlichen Verwaltungsbezirke. Noch im Eiderstedter Landrecht

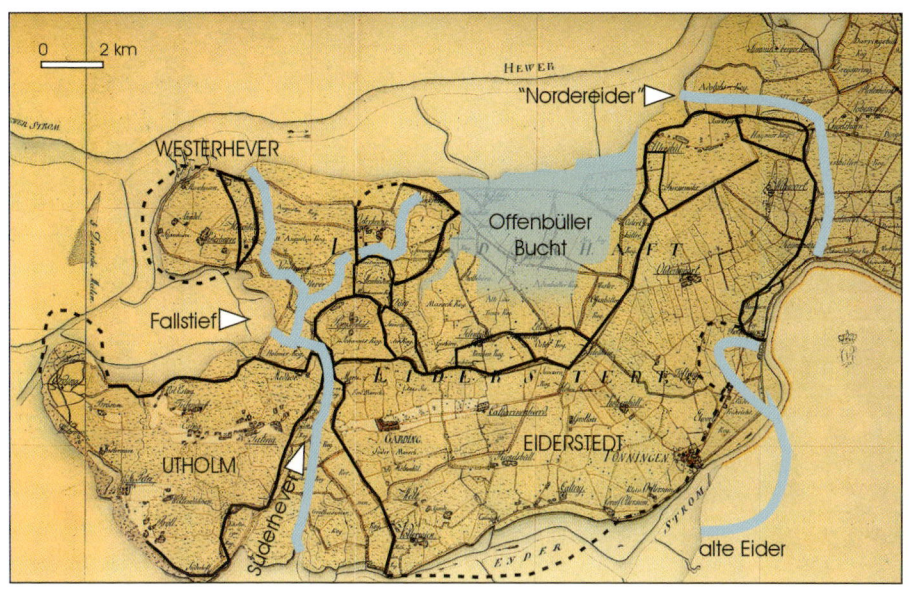

Den zentralen Bereich der Halbinsel Eiderstedt schützte im hohen Mittelalter ein umfassender Ringdeich. Nach dem Erdbuch Waldemars II. bestanden Utholm und Westerhever 1231 noch als Inseln, die erst durch die Bedeichung der Süderhever und des Fallstiefs an das übrige Eiderstedt angedeicht wurden. In dem durch Prielströme inselartig zergliederten nördlichen Eiderstedt erstreckten sich mehrere lokale Bedeichungen. Die im späten Mittelalter eingebrochene Offenbüller Bucht und die sog. „Nordereider" wurden in der Folgezeit wieder bedeicht. Karte von H. du Plat 1804/1805, hrsg. vom Landesvermessungsamt unter Mitwirkung von J. Newig mit Ergänzungen von D. Meier

von 1466 war keine Harde der anderen zur Deichhilfe verpflichtet. Die spärliche schriftliche Überlieferung zum Deichrecht in Nordfriesland unterstreicht die Entwicklung des Deichwesens vom individuellen Unternehmen einzelner Bewohner auf den Warften zur überregionalen Kirchspiel- und Hardesaufgabe bis hin zur umfassenden landesherrlichen Hoheit seit dem 16. Jahrhundert.

Zunehmend machten die Landesherren ihre angeblichen Ansprüche auf das Vorland geltend, um dieses in abgabefähiges Koogsland umzuwandeln. Seit dem 17. Jahrhundert entstanden daher zahlreiche Köge, deren Lände-

Im Mittelalter waren die Warften noch lange Zeit höher als die niedrigen Deiche, die oft zunächst nur das Wirtschaftsland vor den sommerlichen Sturmfluten schützten. Modell der Ausstellung „2000 Jahre Landschaft und Besiedlung" (Küstenarchäologie und Wanderndes Museum der Universität Kiel). Foto: Dirk Meier

reien verpachtet wurden. Nachdem man im späten Mittelalter bereits erste Erfahrungen mit der Abdeichung größerer Prielströme – wie des Wester- und Osterhever in Eiderstedt trennenden Fallstiefs – gemacht hatte, ließ der Gottorfer Herzog Adolf I. (1544–1586) zusammen mit den am Fluss liegenden Kirchspielen 1570 die Treene an ihrer Mündung in die Eider abdämmen. Auch entlang der Nordseeküste wurden von den Landesherren Neueindeichungen initiiert. Dort, wo die Deiche direkt an das Meer grenzten, musste der Deichfuß mit einer senkrechten Bohlenwand gesichert werden. Zusätzlich stabilisierten in den Deichkörper reichende und mit der Bohlenwand verzapfte Ankerbalken die Konstruktion. Solche aus Holland importierten Stackdeiche beschreibt für Nordfriesland erstmal der Pastor Johannes Petreus (1530–1605). Der aufwendige Bau konnte jedoch nicht verhindern, dass die sich am Deichfuß brechenden Wellen den Wattboden davor ausspülten und so die Standsicherheit der Schutzwehr gefährdeten.

Mit den aus Holland stammenden Deichbaumeistern verbesserte sich die Deichbautechnik weiter. Das Regelprofil der zu Beginn des 17. Jahrhunderts in Eiderstedt errichteten Deiche wies eine Außenböschung von 1:4,

Vom 16. bis 17. Jahrhundert erhielten direkt an das Meer grenzende Deiche eine Holzbohlenwand (Stack), die Ankerbalken mit dem Deichkörper verbanden. Da das Wasser die Bohlenwände leicht unterspülte, brachen diese Stackdeiche oft. Nachbau im Büsumer Deichfreilichtmuseum. Foto: Dirk Meier

eine Innenböschung 1:1,5, eine absolute Höhe von 3 m und eine Basisbreite von 20 m auf. Der herzogliche Deichgraf Johann Claussen Rollwagen (1563–1623) war der erste Deichbaumeister in Nordfriesland, der 1610 für den Deichbau des Sieversflether Koogs in Eiderstedt 1000 bis 1400 Tagelöhner anstellte und die bis dahin von Pferden gezogenen Wagen und Sturzkarren durch holländische Schubkarren ersetzte. Den Deichfuß der Bermedeiche sicherte an gefährdeten Stellen eine Bestickung aus Stroh. Mit der Sticknadel wurden in bestimmten Abständen aus Roggenstroh gewundene Seile krampenartig in den Deichkörper gedrückt.

Die seit Beginn des 17. Jahrhunderts in Nordfriesland errichteten Deiche lobt Doktor Heistermanns *Nachricht von Teichwesen.* Heistermann fungierte als herzoglicher Gutachter für das sog. *Bredstedter Werk* und war Mitglied der Landesvisitations-Kommissionen von 1709 bis 1711. Der Erfahrungsaustausch über die zweckmäßige Gestaltung der Deichquerschnitte blieb aber noch gering, wie auch das Lehrbuch über den Deichbau von Albert Brahms von 1767/73 erst gegen Ende des 18. Jahrhunderts Verbreitung fand. Dieses gab vor allem Hinweise für bessere Profilgestaltungen der

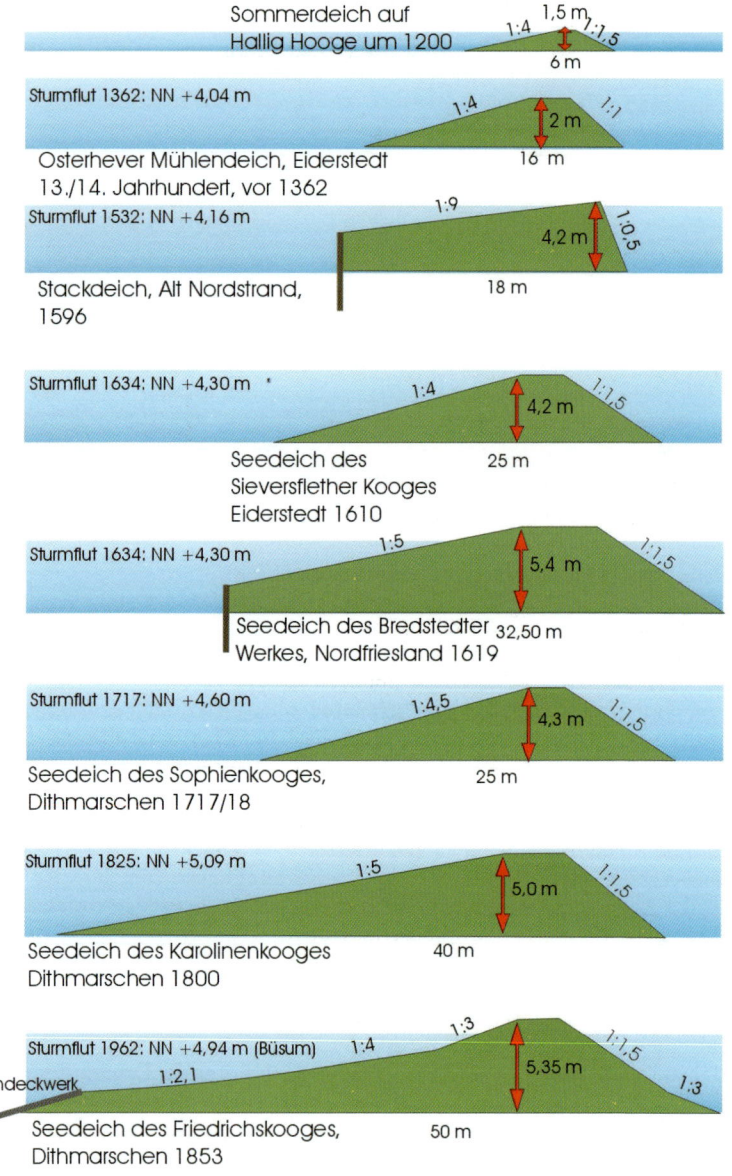

Sommerdeich auf
Hallig Hooge um 1200   1,5 m   1:4   1:1,5
6 m

Sturmflut 1362: NN +4,04 m   1:4   2 m   1:1
16 m

Osterhever Mühlendeich, Eiderstedt
13./14. Jahrhundert, vor 1362

Sturmflut 1532: NN +4,16 m   1:9   4,2 m   1:0,5
18 m

Stackdeich, Alt Nordstrand,
1596

Sturmflut 1634: NN +4,30 m   1:4   4,2 m   1:1,5
25 m

Seedeich des
Sieversflether Kooges
Eiderstedt 1610

Sturmflut 1634: NN +4,30 m   1:5   5,4 m   1:1,5
32,50 m

Seedeich des Bredstedter
Werkes, Nordfriesland 1619

Sturmflut 1717: NN +4,60 m   1:4,5   4,3 m   1:1,5
25 m

Seedeich des Sophienkooges,
Dithmarschen 1717/18

Sturmflut 1825: NN +5,09 m   1:5   5,0 m   1:1,5
40 m

Seedeich des Karolinenkooges
Dithmarschen 1800

Sturmflut 1962: NN +4,94 m (Büsum)   1:4   1:3   5,35 m   1:1,5   1:3
Steindeckwerk   1:2,1
50 m

Seedeich des Friedrichskooges,
Dithmarschen 1853

Deiche. Deichprofile mit flachen Böschungen hatten sich bereits im Mittelalter als besonders günstig gegen Wellen erwiesen. Da die Innenböschung der spätmittelalterlichen und frühneuzeitlichen Deiche mit 1:1,5 jedoch zu steil blieb, untergruben überschlagende Wellen den Deich von hinten her und verursachten so Kammstürze.

Heutiger Küstenschutz

Vor allem der seit der frühen Neuzeit technisierte Deichbau und die Kenntnis der Vorlandgewinnung erlaubten die Gewinnung weiterer Landflächen, die in den 1930er Jahren auch der Propaganda des Nationalsozialismus dienten, wie die Einweihung der Neulandhalle 1935 im Adlof-Hitler-Koog (heute Dieksanderkoog) unterstreicht. Letztmalig erfolgten Neulandgewinnungen und Bodenkultivierungen im Rahmen des Programmes Nord in den 1950er Jahren. So bot der 40,7 Millionen DM teure, 1954 fertiggestellte Friedrich-Wilhelm-Lübke-Koog mit seinen 1200 ha neuen Landflächen Platz für 21 heimatvertriebene und 20 hiesige Bauernfamilien. Bereits bei den nachfolgenden Eindeichungen wie dem 1958–60 geschaffenen Hauke-Haien-Koog ging es nicht mehr um Landgewinnungen, sondern um die Lösung der Binnenwasserprobleme durch die Schaffung von Überflutungsräumen, wenn bei Sturmfluten die Siele längere Zeit geschlossen werden mussten.

Seit den 1970er Jahren hat dann endültig ein Umdenken hin zu einer stärkeren Berücksichtigung der Ökologie des Wattenmeeres eingesetzt, das in den 1990er Jahren mit den Plänen der Erweiterung des Nationalparkes Wattenmeer an der Nordseeküste zu heftigen Kontroversen zwischen Ökologen und Einheimischen führte. Letztlich hat der Küstenschutz jedoch seine gesellschaftliche Priorität bewahrt, denn hinter den Deichen an der Nord- und Ostseeküste Schleswig-Holsteins leben und arbeiten heute über 250 000 Menschen. Das Einzugsgebiet umfasst mehr als ein Viertel der Landesfläche.

An der Nordseeküste ist in den Küstenschutz auch das Wattenmeer eingebunden, das mit seinen Außensänden, Inseln und Halligen einen mehrfach gestaffelten Schutz für die Landesschutzdeiche bildet. Zwar bremsen die Außensände einen großen Teil der von See anlaufenden Wellen ab, aber die dahinterliegenden Wattflächen sind bei Sturmfluten dennoch der starken Brandung ausgesetzt. Dabei verlagern sich die Außensände derzeit im-

*Den Norden der schleswig-holsteinischen Nordseeküste nimmt das nordfrie-
sische Wattenmeer mit seinen Inseln und Halligen ein, der Süden von der
Eider- bis zur Elbmündung gehört zu Dithmarschen. Beide Küstenland-
schaften trennt die Halbinsel Eiderstedt. Satellitenfoto; Grafik: Dirk Meier*

Nordsee

N

DÄNEMARK

Lister Tief

List

Westerland
Sylt
Tondern

Hörnumtief

Niebüll

Vortrapptief

Föhr
Wyk

Amrum
Norderaue
Langeneß
Gröde

Süderaue

NORDFRIESLAND

Bredstedt

Hooge

Süderoog
Pellworm
Nordstrand
Husum

Norderhever
Südfall
Hever

EIDERSTEDT

Garding
Tönning

St. Peter-Ording

Eider

Wesselburen

Heide

DITHMARSCHEN

Büsum
Süderpiep
Meldorf

Marne

Elbe

Brunsbüttel

Cuxhaven

NIEDERSACHSEN   0   10 km

30 m   30 m   10 m

Geest	
Sand, Nehrung	
Moor	
Marsch	
Watt	
Ort	

Das nach holländischen Vorbildern errichtete Eidersperrwerk schließt seit 1973 die Eidermündung ab, in die in der Vergangenheit immer wieder schwere Sturmfluten einbrachen. Foto oben: Sperrwerk an der Ooster-schelde. Foto rechts: Eidersperrwerk. Fotos: Dirk Meier

mer weiter nach Osten. Aber auch die Strömungen in den Prielen bewegen ständig Material der Wattsockel hin und her. Solche Prielströme umgeben teilweise die Wattsockel von Pellworm, Hooge und Nordstrand. Einige dieser großen Priele verbreitern und vertiefen sich ständig. So hat sich die Norderhever zwischen Nordstrand und Pellworm seit der Zweiten Mandränke von 1634 von 2 bis 3 m auf 20 bis 25 m vertieft und von einigen hundert Metern auf mehrere Kilometer Breite vergrößert. Der Bau und die Instandhaltung von Sicherungsdämmen, die Sicherung der Insel- und Halligsockel sowie die Vorlanderhaltung bilden daher wichtige Bereiche des Küstenschutzes. Zum Schutz Sylts erfolgten in den vergangenen Jahren immer wieder Sandvorspülungen, und auch der gegenwärtige Generalplan Küstenschutz sieht diese vor.

Die heute neu errichteten Seedeiche bestehen im Gegensatz zu den historischen, meist aus Klei aufgeworfenen Deichen aus einem aufgespülten

Sandkern mit abdeckenden Kleilagen. Darüber legt man heute keine Soden mehr aus, sondern es wird Rasen angesät. Ihre Höhe und Profilgestaltung berücksichtigt heute auch den in den nächsten 100 Jahren zu erwartenden Meeresspiegelanstieg. Als Folge der Hollandsturmflut von 1953 hat man in Schleswig-Holstein bis Ende 1961 etwa die Hälfte aller Deiche erhöht. Dieser Vorsorge ist es zu verdanken, dass die Sturmfluten am 16./17. Februar 1962 in Schleswig-Holstein keine Menschenleben kosteten. Zugleich brachte das Ereignis eine Reihe neuer Erkenntnisse über Wellenhöhe, Wellenauflauf und Deichgestaltung, die in den „Generalplan Deichverstarkung, Deichverkürzung und Küstenschutz in Schleswig-Holstein" einflossen. Dieser wurde seitdem immer wieder in gewissen Abständen fortgeschrieben und im Raumordnungsplan von 1979 erstmalig zum Planungsziel des Landes erklärt.

Nach diesen Plänen darf die seeseitige Deich-Außenböschung in der Höhe des maßgeblichen Sturmflutwasserstandes nicht steiler als 1:8 geneigt sein, darunter 1:10 bis 1:12, darüber die Deichkrone 1:4. Bei direkt an die See grenzenden Deichen sichert ein Steindeckwerk den Fuß, ansonsten das Vorland. Die Höhe der Deiche richtet sich nach den höchsten bekannten Sturmfluthöhen und berücksichtigt darüber hinaus den Wellenschlag infolge des Windstaus, ein daraus errechnetes Sicherheitsmaß sowie den Anstieg der Wasserstände. Maßgeblich für die gegenwärtige Bemessung der Deichhöhen ist in Schleswig-Holstein der Sturmtidewasserstand, der statistisch einmal in 100 Jahren erreicht oder überschritten wird (Verfahren des Maßgebenden Sturmflutwasserstandes). Der Seedeich von Büsum hat mit einer Höhe von NN +8,70 m das an der schleswig-holsteinischen Nordseeküste übliche Maß. Auf der Innenseite aller Landesschutzdeiche führt ein befestigter Deichverteidigungsweg entlang. Von 1962 bis 1997 sind so rund 2,7 Milliarden DM für den Küstenschutz ausgegeben worden. Dabei wurden die Deiche auf einer Länge von 370 km verstärkt. Die Abbruchkanten der Halligen schützen Steinwerke und niedrige Deiche. Auch den Schutz der Warften hat man durch Deiche verstärkt, da eine andere Erhöhung hier aufgrund der Bebauung nicht möglich ist. Überschwemmen höhere Fluten die Ringdeiche der Halligen, bringen sie auch Sedimente mit, die sich auf der Hallig ablagern und so zu einem weiteren Anwachs führen. Diese Prozesse werden ebenfalls genau analysiert.

Auch in Hamburg erfolgten nach der Katastrophe von 1962 umfangreiche Küstenschutzmaßnahmen. Ohne ausreichenden Hochwasserschutz wären dort heute ein Drittel des Stadtgebiets, 180 000 Einwohner und Sachwerte von 10 Milliarden Euro ständig bedroht. Nach 1962 entstanden neue Deiche und Wasserschutzwände, Vorwarnung und Deichverteidigung wurden neu organisiert. Um Hamburg vor zukünftigen Katastrophen zu bewahren, initiierte der Senat 1993 das „Bauprogramm Hochwasserschutz". Bis 2007 ist dann die mehr als 100 km lange Hochwasserschutzlinie auf gut NN + 8 m erhöht worden.

Anders als in der Vergangenheit sind heute an der Nordseeküste Schleswig-Holsteins keine großflächigen Vordeichungen mehr geplant. Deichrückverlegungen sind aber auch nicht vorgesehen. Mit der Novellierung des Landeswassergesetzes (LWG) von 1971 hat das Land Schleswig-Holstein die Landschutzdeiche mit einer Gesamtlänge von über 400 km an der West- und Ostküste in seine Unterhaltung übernommen. Daher besteht – anders als im Mittelalter – keine Verpflichtung für die Küstenbewohner mehr, den Wehrzustand der Deiche zu erhalten. Bau und Unterhalt der Deiche ist Landesaufgabe geworden. Dies ergibt sich aus der Novellierung des LWG von 1992 auch für die Überlaufdeiche der Inseln und Halligen ebenso wie den Wattsockel. Voraussetzung für die Landeszuständigkeit ist das Allgemeinwohl. Die heutigen und zukünftigen Anstrengungen im Küstenschutz müssen dabei stärker als bisher auch zukünftige Klimaänderungen berücksichtigen.

5. Szenarien: Zukunft der Küsten

Klimaveränderung, Meeresspiegelanstieg und Szenarien

Die Analyse der Eisbohrkerne, geoarchäologische Küstenuntersuchungen ebenso wie die Auswertung schriftlicher Quellen erlauben eine Rekonstruktion der natürlichen Klimaentwicklung und des menschlichen Einflussgrades auf die Küstenlandschaft. Zusammen mit der heutigen Fähigkeit, die Wirkung der Naturgesetze in numerischen Klimasystemmodellen zu berechnen, und dem globalen Beobachtungssystem ermöglichen sie Prognosen zukünftiger Klimaveränderungen. Die Szenarien der seit 1988 in Fünfjahresabständen erschienenen, auf zahlreiche wissenschaftliche Studien basierenden Reporte des International Panel on Climate Change (IPCC) deuten für das 21. Jahrhundert auf höhere Maximaltemperaturen, höhere Minimaltemperaturen, eine Zunahme von Hitze, Trockenheit und Starkregen sowie von Wirbelstürmen mit höheren Windgeschwindigkeitsspitzen und Niederschlagsmengen hin. Als wesentliche Ursache der Klimaveränderungen gilt die starke Zunahme des Kohlendioxidgehaltes in der Atmosphäre. So hat sich dieser Gehalt im Laufe der Eiszeiten und Warmzeiten seit 650 000 Jahren immer zwischen 180 und 280 ppm (Teilchen pro 1 Million Teilchen) bewegt. Von 1750 an nahm er von 280 auf 379 ppm, also um 35 Prozent zu, was auf die Nutzung fossiler Rohstoffe zurückgeht. Die Zuwachsrate der letzten 10 Jahre ist dabei die größte in den letzten 50 Jahren. Hinzu kommen andere Treibhausgase wie Methan und Lachgas, deren Konzentration seit 1750 um 148 bzw. 18 Prozent zugenommen hat. Eine Erklärung der gegenwärtigen Klimaerwärmung durch Änderungen der Sonnenaktivität bestreitet der Report. Hinzu treten Beobachtungen, nach denen die globale Oberflächentemperatur vor allem auf der Nordhalbkugel der Erde stark gestiegen ist und die Steigerungen höher als in den letzten 500 Jahre sind. Ferner lassen sich eine Zunahme der Niederschläge, ein Schrumpfen der Gletscher, ein Rückgang der Eisschilde auf Grönland und in der Antarktis und eine Zunahme des Meeresspiegelanstiegs seit 1993 um etwa 3 mm pro Jahr, im 20. Jahrhundert insgesamt um 17 cm, nachweisen. Klimaprojektionen bis 2100 sprechen für eine wahrscheinliche Erwärmung des Erdklimas von 1,8 Grad im niedrigsten und 4,0 Grad im höchsten Szenario.

Zu den Variablen, die das Klima als Statistik des Wetters bestimmen, gehören Temperatur, Niederschlag, Wind oder Luftfeuchte ebenso wie die Kreisläufe etwa des Meeresstandes, der Meeresströmungen oder der Grad der Eisbedeckung. Daher haben vor allem Polargebiete eine große Bedeutung für das Klimageschehen. Das dortige Eis am Boden oder auf den Meeren beeinflusst den Strahlungshaushalt der Erde. Etwa 90 Prozent des

Volumens der Ozeane steht mit den Polargebieten in einem Zusammenhang. Da heute etwa 30 Millionen km³ der Süßwasservorräte der Erde im Inlandeis gebunden sind – davon in der Antarktis die überwiegende Masse mit 28 Millionen und in Grönland 1,8 Millionen –, würde der Meeresspiegel bei einem Abschmelzen dieser Eismassen nach Berechnungen des IPCC weltweit um etwa 71 m steigen und die Flachmeerküsten erheblich verändern. Das Schmelzen des grönländischen Eisschildes allein ließe den Meeresspiegel um etwa 6 bis 7 m ansteigen. Nach Untersuchungen des Alfred-Wegner-Institutes für Polar- und Meeresforschung ist es aber keinesfalls sicher, wie Prof. Dr. Hinrich Miller in einem Interview ausführte, dass infolge der Klimaerwärmung die Arktis in einhundert Jahren ganzjährig eisfrei sein würde. Dieses würde allenfalls auf die Sommer zutreffen. Eine Schmelze der grönländischen Eismassen hat zudem einen Massenzuwachs an Eis in der Antarktis zur Folge. Die wärmere Luft führt zu mehr Niederschlägen, die aber bei der kalten Luft über der Antarktis als Eis herunterfallen. Maßgeblich für den Anstieg des derzeitigen Meeresspiegels ist somit weniger die Eisschmelze als vielmehr die Klimaerwärmung infolge des Kohlendioxidanstiegs in der Atmosphäre.

Diese Klimamodelle berechnen das Klimasystem der Erde in physikalisch-mathematischen Gleichungen. Jedes Klimamodell berücksichtigt die Wechselwirkungen zwischen Atmosphäre, Hydrosphäre (Ozean und Wasserkreislauf), Kryosphäre (Eis und Schnee), Biosphäre (Pflanzen und Tiere), Pedosphäre (Boden) und Lithosphäre (Erdkruste). Die derzeitigen Klimamodelle beschreiben beispielsweise die Veränderung des Wasserstandes aufgrund der Volumenvergrößerung durch die Erwärmung des Meerwassers. Abhängig vom jeweiligen Szenario gehen die Modelle für das Ende des 21. Jahrhunderts von Wasserstandserhöhungen von 30 bis 40 cm aus. Aufgrund der Trägheit des Ozeans ist der Wasserstand am Ende des 21. Jahrhunderts nicht in einem Gleichgewicht, sondern steigt weiter an. Diese Modelle berücksichtigen aber nicht das Abschmelzen der Gletscher in Grönland und der Antarktis, sondern diese werden durch grobe Abschätzungen dazu addiert.

Allerdings beeinflussen zwei wesentliche Einschränkungen die Exaktheit dieser Prognosen: Die natürliche Klimaentwicklung und die zukünftige ökonomische und soziale Entwicklung der Weltbevölkerung mit ihrem Rohstoffverbrauch. Rufen wir uns zunächst noch einmal einige Fakten zur eher chaotisch ablaufenden natürlichen Klimadynamik in Erinnerung. So wurden in einer am Hamburger Max-Planck-Institut für Meteorologie und am GKSS-Forschungszentrum in Geesthacht durchgeführten Klimasimulation die letzten 450 Jahre am Computer nachgerechnet. Vor 450 Jahren war der globale Einfluss des Menschen auf das Klima noch gering. Änderungen der Sonnenaktivität, Vulkanismus und natürliche Treibhausgase bildeten die wesentlichen Einflussfaktoren auf das Großklima der Erde. Deutlich zeichnen sich in dieser Simulation zwischen 1675 und 1715 sowie 1810 und 1830 zwei ausgeprägte kühle Phasen der Kleinen Eiszeit ab, danach wurde das Klima wieder wärmer, und zwischen 1900 und 2000 stieg die Temperaturkurve trotz einiger kurzer Schwankungen um 0,5 bis 1 Grad an.

Die Temperaturunterschiede zwischen 1891 und 1990 ergeben aber in ihrer räumlichen Differenzierung noch kein klares Bild. Schätzungen berechnen den Anteil der anthropogenen Treibhausgase auf etwa 1 Grad Celsius der Erwärmung, anthropogen verursachte Kühleffekte durch Sulfatpartikel vermindern diese um 0,4 Grad. Die Erwärmung zeigt sich am deutlichsten bei den Alpengletschern, die seit der Mitte des 19. Jahrhunderts bis zu einem Drittel ihrer Fläche und ihres Volumens verloren haben. Der Ausbruch des Vulkans Pinatubo auf den Philippinen im Juni 1991 beispielsweise gehörte zu den stärksten Vulkanausbrüchen des 20. Jahrhunderts, dessen Staub- und Gasmengenaustausch in Höhen von über 20 km die Einstrahlung der Sonne auf die Erde für mehrere Jahre merklich reduzierte. Dies führte zu einem vorübergehenden globalen Sinken der Mitteltemperatur um einige Zehntel Grad. Noch katastrophaler war der Ausbruch des Krakatau 1883, dessen Auswirkungen weltweit spürbar waren. Auf der Nordhalbkugel sank infolge der ausgeblasenen Partikel mehrere Jahre lang die Durchschnittstemperatur um 0,5 bis 0,8 Grad Celsius und hatte kühle, verregnete Sommer mit Missernten zur Folge.

Nach dem IPCC-Report würde bis 2100 das Klima durchschnittlich mit etwa 3 Grad nicht nur wärmer, sondern im gleichen Zeitraum würde auch der Meeresspiegel auf 18–38 cm im niedrigsten und 26–59 cm im höchsten Szenario steigen. Dabei sei daran erinnert, dass die Küstenbildung der heutigen jütischen Halbinsel in der Litorinazeit erfolgte, während der zwischen 5900 und 5300 v. Chr. der Meeresspiegelanstieg der Ostsee etwa 2,5 cm im Jahr betrug. Mit 250 cm im Jahrhundert lag dieser also höher als die heutigen Prognosen. Zum Vergleich sei ein geologisches Extrembeispiel herangezogen: Die Meeresspiegelanstiegsrate am Beginn der letzten Warmzeit (Eem-Warmzeit 130 000 bis 115 000 Jahre vor heute) betrug etwa 4 m im Jahrhundert, während der Warmzeit insgesamt mehr als 100 m. Die marinen Schichten des Eemmeeres, das ebenfalls bis an die heutige Westküste Schleswig-Holsteins vordrang, finden sich unterhalb von NN –5 m. Für das Verständnis der heute ablaufenden Prozesse im Klimasystem ist ein Vergleich mit dieser Warmzeit durchaus hilfreich, da sich nicht nur der Beginn und der Verlauf, sondern auch das Ende dieser Warmzeit mit seinen natürlichen Klimaveränderungen komplett erfassen lässt.

Die für den Beginn der Warmzeiten ermittelten hohen Meeresspiegelanstiegsraten sind jedoch nicht vergleichbar mit dem Anstieg des Mittleren Tidehochwassers, wie er sich aus Pegelmessungen der letzten etwa 150 Jahre ableiten lässt. Diese gleicht mit 20 bis 25 cm im Jahrhundert den mit geolo-

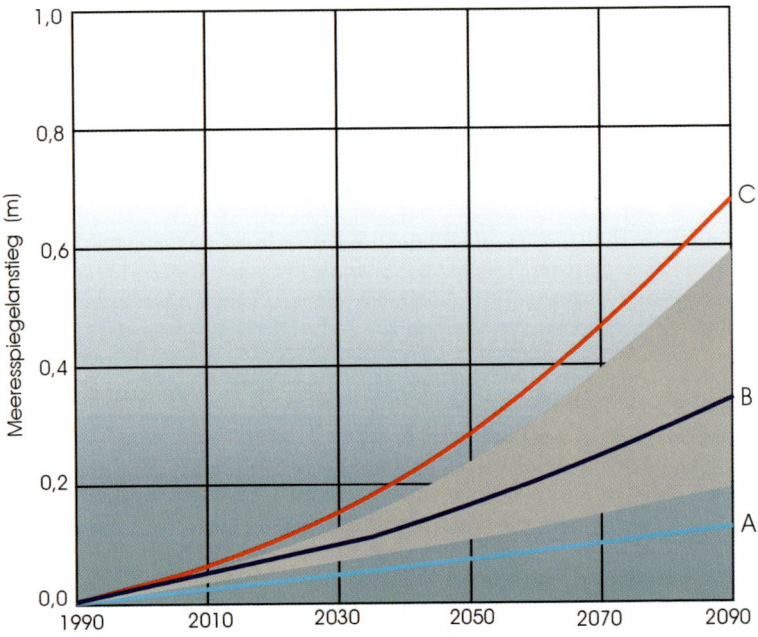

Die Szenarien des global ermittelten Wasserstandes gehen je nach dem Grad der Klimaerwärmung von verschiedenen Schätzungen aus. Die mittlere Kurve B dürfte am wahrscheinlichsten sein, wobei auch hier ein größerer Schwankungsbereich (grau) anzunehmen ist. Werte nach J. T. Haughton u. a. 2001: Climate Change 2001. The Scientific Basis (Cambridge 2001). Vereinfachte Grafik nach IPCC: Dirk Meier

gischen Methoden ermittelten Daten für warmzeitliche Wasserhochstände. Die Geschichte der schweren Sturmfluten belegt aber auch, dass diese sowohl bei niedrigen als auch hohen mittleren Wasserständen stattfanden, wenn sie auch mit der Höhe der mittleren Wasserstände ansteigen.

Auch die Frage der Zunahme der Stürme ist nicht einfach zu beantworten, denn bei Aussagen über veränderte Windstatistiken muss man sich oft auf Stellvertretergrößen (sog. Proxies) verlassen. Man bildet solche Proxies für die Sturmfluttätigkeit, indem man Druckmessungen benutzt, die seit 200 Jahren durchgeführt werden und sich im Laufe der Zeit kaum verändert haben. Die Auswertung ergab in weiten Bereichen des östlichen Nordatlantik, im Mittelmeer, in der Nordsee und in der Ostsee eine systematische Zu-

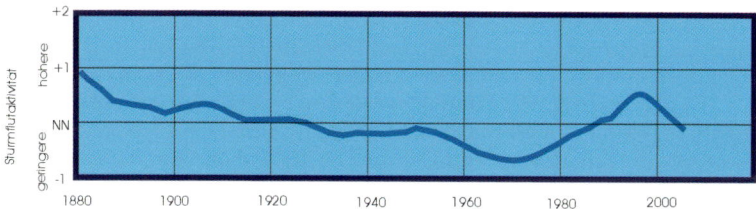

Die Untersuchungen des Institutes für Küstenforschung am Forschungszentrum in Geesthacht zeigen, dass die Sturmfluthäufigkeit im 20. Jahrhundert von 1880 bis 1960 ab- und dann langsam wieder zunahm. Grafik: Dirk Meier nach K. Woth

und Abnahme der Sturmhäufigkeit bis zum Beginn der 1990er Jahre. Dann erfolgte mit Ausnahme der südlichen Nordsee, wo eine weitere Zunahme der Sturmereignisse verzeichnet wird, eine Trendwende. Analog zu dieser Entwicklung stiegen in der südlichen und östlichen Nordsee die Wellenhöhen an. Wenn Deutschland wie im Winter 2005/2006 lange Zeit unter einem Kältehoch liegt, bauen sich kaum Temperaturgegensätze und damit keine Stürme auf. Sturmfluten unserer Tage sind nach Erkenntnis des Institutes für Küstenforschung der GKSS aber noch keine Folge der vom Menschen verursachten Klimaerwärmung.

Ebenfalls als Proxydaten für Windveränderungen dienen die Schwankungen des Mittleren Tidehochwassers abweichend vom Jahresmittel. Für Hamburg ebenso wie andere Küstenorte lässt sich seit 1850 eine Erhöhung der Sturmflutscheitelstände belegen. Bis 1850 gab es alle paar Jahrzehnte Scheitelwasserstände von 5 m, mit denen zugleich zahlreiche Deichbrüche verbunden waren. Nach 1825 erfolgte eine Erhöhung der Deiche auf 5,70 m. Gleichzeitig setzte jedoch eine Periode mit nur schwachen Sturmfluten ein, die mit der Sturmflut von 1962 dramatisch endete. Seit 1825 waren die Deiche noch nicht überall erhöht worden, und die Folgen waren daher katastrophal. Nach 1962 wurden die Deiche wieder erhöht, zunächst auf 7,20 m, dann auf 8 m. Seitdem gab es zwar viele Sturmfluten mit Scheitelwasserständen von mehr als 5,70 m, aber keine Deichbrüche mehr – nicht einmal bei der besonders schweren Sturmflut von 1976, die einen Scheitelwasserstand von 6,45 m aufwies. Dieses Beispiel belegt, wie Küstenschutzmaßnahmen sich auf Sturmflutstatistiken auswirken können: Eine Zunahme der Deichbrüche ist kein Hinweis auf eine veränderte Sturmfluttätigkeit!

Verschiedene Pegel an der Nordseeküste belegen aber, dass am Ende des 20. Jahrhunderts das Mittlere Tidehochwasser – wie in Esbjerg – um etwa 15 cm in 100 Jahren angestiegen ist. Neben lokalen Veränderungen trägt dazu der globale Meeresspiegelanstieg von etwa 3 bis 4 cm im gleichem Zeitraum bei. Aus regionalen Sturmflutmodellen der Nordsee lässt sich ein Anstieg der windbedingten Hochwasserstände von bis zu 30 cm in den nächsten 150 Jahren errechnen. Zusammen mit dem prognostizierten Anstieg des Mittleren Wasserstandes von etwa 40 cm ergibt sich daraus für die südliche Nordsee ein Szenario von bis zu 80 cm. Die Wellenhöhe könnte im Bereich der südlichen Nordsee um einen halben Meter in 150 Jahren ansteigen. Computermodelle des Institutes für Küstenforschung der GKSS deuten auf eine Zunahme der Stürme um 10 Prozent und eine Erhöhung der Sturmfluten um 20 bis 40 cm zwischen 2070 und 2100 hin. Zur Zeit sind es im Winterhalbjahr statistisch drei bis vier Stürme. Für den Hamburger Pegel St. Pauli wird ein Anstieg der Sturmwasserstände für 2030 von etwa 20 cm, für das Jahr 2085 von bis zu 70 cm angenommen.

In einem Interview in der Frankfurter Rundschau vom 2. Februar 2007 warnte der schon zitierte Prof. Schellnhuber, dass man auch eine Klimaerwärmung um noch mehr als 6 Grad bis 2100 nicht ausschließen könne, da in den bisherigen Klimaszenarien die gefährlichen Rückkoppelungseffekte nicht ausreichend berücksichtigt würden. So könnten die erwärmten Ozeane ebenso wie die Tropenwälder dort gespeichertes Kohlendioxid in großen Mengen freisetzen. Zudem würden die Dauerfrostböden großflächig auftauen und das starke Treibhausgas Methan in die Atmosphäre entweichen lassen. Letzteres ist allerdings nur eine Hypothese. Denn nach den Untersuchungen der grönländischen Eisbohrkerne ist während des Auftauens der Dauerfrostböden in der letzten Warmzeit, die weit wärmer war als die gegenwärtige, kein Methan entwichen, wie Prof. Miller vom renommierten Alfred-Wegener-Institut in seinem Statement ausführt.

Zudem sind nach geologischen Erfahrungen eine natürliche Abkühlung des Klimas und eine damit einhergehende Meeresspiegelabsenkung innerhalb der nächsten 5000 Jahre zu erwarten. Aber dann könnte es für die von Menschen teilweise sehr dicht besiedelten Flachmeerküstengebiete zu spät sein. Wie sich das Klima und damit der Meeresspiegelanstieg in den nächsten 100 Jahren weiter entwicklen wird, hängt aber nicht von den Vorhersagen ab, sondern davon, ob das wirtschaftliche Wachstum der Welt weiterhin fast ungebremst ansteigt und fossile Brennstoffe weiterhin Vorrang haben oder ob der technologische Wandel regional gesehen langsamer voranschreitet.

Daher fließen in die verschiedenen Szenarien des IPCC die Entwicklung der Weltbevölkerung, der erreichte Lebensstandard, der Energieverbrauch und die jeweiligen Energieträger ein (sog. SRES-Szenarien). Die A1-Szenariengruppe beschreibt eine Welt mit sehr schnellem Wirtschaftswachstum und einer Weltbevölkerung, die 2150 ihr Maximum erreichen und danach abnehmen wird, sowie die schnelle Einführung neuer Technologien. A1-FI legt das Schwergewicht auf den Verbrauch fossiler Brennstoffe (Kohle, Öl,

Erdgas), A1-T auf massiven Einsatz nichtfossiler Energieträger und A1-B beruht auf einer Mischung beider Energieträger. Die zweite Szenariogruppe (A2) geht von einer heterogenen Welt mit uneinheitlich bleibendem Entwicklungs- und Lebensstandard aus. Deren Bevölkerung nimmt langsam zu, und der technologische Wandel schreitet nur langsam voran. Die Szenariogruppe B setzt wie A1 eine nur bis 2150 wachsende Weltbevölkerung voraus. Die ökonomische Entwicklung kennzeichnet ein rascher Übergang zur Dienstleistungs- und Informationsgesellschaft mit globalen, nachhaltigen Lösungen ökonomischer, ökologischer und sozialer Probleme (B1) oder eine Entwicklung mit lokalen, nachhaltigen Lösungen des Umweltschutzes und der sozialen Gerechtigkeit bei einer langsamer als in A2 steigenden Weltbevölkerung (B2). Diese Spannbreite der Szenarien, welche sicher nicht alle denkbaren Entwicklungen pronostizieren können, beeinflusst wiederum die Spannbreite der verschiedenen Prognosen erheblich.

Wir sollten daher schon heute alles tun, den Verbrauch fossiler Brennstoffe zu reduzieren und die Umwelt zu schonen, denn in einigen hundert Jahren wird man sich vielleicht beim Anblick überfluteter flacher Küstengebiete fragen, warum trotz umfassender Kenntnisse nicht auf eine Klimaerwärmung mitsamt daraus resultierendem Meeresspiegelanstieg reagiert wurde. Diese Entwicklung hätte auch Folgen für Schleswig-Holstein, wenn auch nicht in demselben Maße wie für die sehr dicht besiedelten Flachmeerküsten unserer Erde wie beispielsweise Bangladesh.

Potentiell überflutete Gebiete und Küstenschutzstrategien

Fast ein Viertel der schleswig-holsteinischen Landesfläche ist als Küstenniederungsgebiet im Falle einer Sturmflut ohne ausreichenden Küstenschutz gefährdet. Hier leben über 250 000 Menschen und befinden sich Sachwerte von rund 50 Milliarden Euro. Während in den vergangenen Jahrhunderten die Küstenschutzplanung und -umsetzung eher auf die Unterhaltung der Deiche ausgerichtet war, versucht man heute, das Gefährdungspotential und die verschiedenen Ansprüche der Gesellschaft mit denen der Natur besser in Einklang zu bringen. Gleichzeitig bedeutet der Schutz der Inseln, Halligen, der Elbmündung mit ihren Watten, Tiden und Sedimenttransporten ebenso wie der gefährdeten Abschnitte der Ostseeküste einen großen organisatorischen und finanziellen Aufwand, der von den Küstenschutz- und Hafenbehörden bewältigt werden muss.

Heutige Gefährdungsanalysen mit Berechnungen des Schadenspotentials bei einer Überflutung einschließlich einer Risikoabschätzung liefern zwar Daten, erfolgen jedoch oft ohne Berücksichtigung der geologisch und histo-

Der heutige Seedeich in Nordholland berücksichtigt bereits die prognosti-
zierten Meeresspiegelanstiegsraten und soll berechnet auf einen Schadensfall
eine Sicherheit von 10 000 Jahren garantieren. Werden in der Zukunft auch
unsere Nordseedeiche solche Betonwerke sein? Foto: Dirk Meier

risch bekannten Landschaftsentwicklung. Als Beispiel einer solchen Ge-
fährdungsanalyse seien die Ostseegemeinden Scharbeutz und Timmendor-
fer Strand gewählt, deren potentielles Überflutungsgebiet unterhalb einer
Geländehöhe von NN +3 m liegt. Zwischen NN und +1 m leben 808 Menschen, zwischen NN +1 bis 2 m sind es 2175 und bis NN +3 m 2684 mit ins-
gesamten Sachwerten von 3422,50 Millionen DM (Stand 2000). Wie in
Scharbeutz wurde auch für Eckernförde aufgrund der hydrographischen
und morphologischen Gegebenheiten im Falle einer schweren Sturmflut
wie der von 1872 ein möglicher Sturmflut-Scheitelwasserstand von ca. NN
+3,5 m zugrunde gelegt. Das ermittelte Schadenspotential bei einer Überschwemmung bis NN +5 m liegt bei ca. 687 Millionen DM (Stand 1998).
Eine gegenwärtige Sturmflut mit einem Scheitelwasserstand von NN +3,5 m
würde eine Fläche von 199 ha überschwemmen, wobei 1531 Gebäude betroffen wären. Für ein Zukunftsszenario im Jahre 2100 wird auf der Grundlage verschiedener Hypothesen ein maximaler Sturmflutscheitelwasser-
stand von NN +4 m angenommen. So eine extreme Flut würde ohne Küstenschutz 314 ha überschwemmen und auf der Basis der heutigen Baustruk-
turen 1654 Gebäude zerstören. Das Schadenspotential betrüge ca. 881

Millionen DM (Stand 2000). Ähnliche Berechnungen gibt es für Standorte an der Nordseeküste. Die höchsten Schadenspotentiale an Nord- und Ostsee würden in den flächenmäßig größten Kögen und den städtischen Siedlungsgebieten eintreten. Eine besondere Gefahr besteht auch für die nicht durch gute Mitteldeiche begrenzten Marschgebiete an der Elbe ebenso wie für die nordfriesischen Inseln, insbesondere das sehr dicht besiedelte Sylt.

Verschiedentlich ist die Strategie eines linienhaften Küstenschutzes in Frage gestellt worden, ohne dass es aber realistische Alternativen dazu gäbe. Ein Verzicht auf jede Form des Küstenschutzes käme einem Rückzug aus allen potentiell überflutungsgefährdeten Gebieten gleich. Damit ließen sich Personal- und Sachkosten sparen und großräumige naturbelassene Bereiche schaffen. Allerdings nähme man den Verlust der Heimat für mehrere hunderttausend Menschen in Kauf. Das kann keiner verantworten. Wertschöpfungen und ein reiches kulturelles Erbe wären vernichtet. Diese Alternative ist keine, wir leben nicht mehr als Jäger und Sammler.

Eine zweite Möglichkeit wäre die Anpassung, indem nur wichtige Gebiete hoher Wertschöpfung und reichen kulturellen Erbes geschützt würden. Man könnte sich ringförmige Eindeichungen dieser Bereiche vorstellen, aber der Schutz solcher Inseln in einer ansonsten den Gewalten der Natur überlassenen Landschaft wäre äußerst aufwendig.

Eine Vorwärtsverteidigung der Küstenlinie durch Landgewinnung und Neueindeichungen ist heute nicht mehr sinnvoll, auch weil – anders als in früheren Jahrhunderten – die aus landwirtschaftlicher Produktion erzielbaren Gewinne dafür nicht ausreichen. Was bleibt? Die praktikabelste Alternative für die Küstengebiete ist deren weiterer linienhafter Schutz. Vielleicht wird dieser in der Zukunft gestaffelt sein, möglicherweise erfolgt in einigen Gebieten eine Rückdeichung, in anderen Räumen hingegen eine Verstärkung des Deichbaus. Vielleicht wird es Haupt- und Sommerdeiche geben. Mit wachsenden Sturmflutspiegelständen nimmt die Schutzwirkung vorgelagerter Sommerdeiche jedoch drastisch ab. Auch Rückdeichungen erreichen nicht die beabsichtigte Schutzwirkung, wie Untersuchungen der Seegangsdämpfung im Vorlandbereich gezeigt haben. Zudem verursacht der Neubau von Deichen erheblich mehr Kosten als die Verstärkung eines älteren. Rückdeichungen mögen für die Natur sinnvoll sein, für den Küstenschutz gilt das nicht im gleichen Maße. Somit gibt es bis heute keine sinnvolle Alternative zum linienhaften Küstenschutz. Allerdings wird dies eine ständige Anpassung an einen steigenden Meeresspiegel bedeuten. Wenn infolge des Meeresspiegelanstieges kein Mitwachsen der Watten an den Niederungsküsten mehr erfolgt und sich die Wassertiefen mit steigendem Seegang vor den Deichen verstärken, sind neue Küstenschutzmaßnahmen notwendig. Dies könnte nach Berechnungen des Institutes für Küstenforschung der GKSS ab 2030 der Fall sein.

6. Epilog

Nord- und Ostseeküste Schleswig-Holsteins unterlagen in den letzten 10 000 Jahren einem erheblichen Wandel. Der nacheiszeitliche Meeresspiegelanstieg hat den steinzeitlichen Jägern und Sammlern keine andere Wahl als den langsamen Rückzug aus den überschwemmungsgefährdeten Gebieten gelassen. Sie verfügten über keine alternativen Strategien. In den schleswig-holsteinischen Seemarschen reagierten die Menschen erstmals seit 50 n. Chr. durch den Bau von Warften aktiv auf die Bedrohung ihres Lebensraumes, bevor seit dem 12. Jahrhundert die ersten Deiche entstanden. Seit dieser Zeit halten wir an der Nordseeküste am linienhaften Küstenschutz fest. Für die Ostseeküste stellte sich in der Vergangenheit die Frage des flächenhaften Küstenschutzes nicht in gleichem Maße, da hier hohe Moränenkerne an das Meer grenzen. Erst die Anlage von Städten, Orten und Bauten in überschwemmungsgefährdeten Gebieten hat hier Probleme geschaffen. Insgesamt sind ohne ausreichenden Küstenschutz etwa ein Viertel der schleswig-holsteinischen Landesfläche mit über 250 000 Einwohnern und Sachwerte von rund 50 Milliarden Euro gefährdet.

Glaubt man den schlimmsten Klimaszenarien, ist der Nordpol im Jahre 2100 eisfrei, das Grönlandeis im starken Schmelzen begriffen und der Meeresspiegel stark angestiegen. Wenn diese Vorhersagen auch derzeit noch mit vielen Unsicherheiten behaftet sind, werden sich doch die Abschätzungen der ökologischen Folgen des Klimawandels stetig verbessern. So lässt die Analyse und Interpretation der Klimaszenarien, wie sie vom Forschungszentrum der GKSS, Geesthacht, durchgeführt werden, nicht nur globale, sondern mittlerweile auch regionale und lokale Auflösungen zu.

Auch für Schleswig-Holsteins Küsten hätte ein starker Meeresspiegelanstieg Auswirkungen, denn Sturmflutrisiken für den Menschen entstehen da, wo in potentiell überflutungsgefährdeten Räumen gesiedelt wird. Trotz etwa 1000 Jahren Küstenschutz in Schleswig-Holstein bestehen bis heute für die Gesellschaft Risiken, die sich nicht mehr auf Null bringen lassen. Vor den Deichen werden die Sturmfluten höher auflaufen, die Wattströme werden tiefer und reißender sein, Geestinseln wie Sylt ohne Vorsorgemaßnahmen an Substanz verlieren und Stürme werden verstärkt das Wasser in die Elbe drücken. Auch wenn seit 1962 größere Katastrophen ausgeblieben sind, so wird eine sachliche Risikokommunikation für die finanzielle und gesellschaftliche Akzeptanz der Küstenschutzmaßnahmen ebenso notwendig sein wie ein entsprechender Gefahrenschutz.

Noch weit mehr als in Schleswig-Holstein wird die globale Klimaerwärmung Auswirkungen auf die dicht besiedelten Flachmeerküstengebiete des Indischen Ozeans haben. Migrationen, Missernten, Hungersnöte, eine Zu-

Werden so überschwemmungsgefährdete Gebiete in Schleswig-Holstein als Folge des Treibhauseffekts im Jahre 2100 aussehen? Foto: Paul Paris, Amstelveen, Niederlande

nahme der Stürme und eine veränderte Ökonomie werden zu den vielen Folgen einer ungebremsten Klimaerwärmung gehören. Phillip Vordran, Investment-Stratege der Credit Suisse, schreibt dazu in der Tageszeitung „Die Welt" vom 2. Februar 2007: „Obwohl die Nachfrage nach Versicherungsleistungen vermutlich steigen wird, dürfte das Volumen der Versicherungsgeschäfte aufgrund nicht mehr zu deckender Risiken oder ansteigender Prämien zurückgehen."

Aber dahin muss es nicht kommen. Klimaschutz wird heute als globale Aufgabe begriffen. Der Rat der Europäischen Union (Ministerrat) hat sich am 9. März 2007 für eine Reduzierung des CO_2-Ausstoßes um 20 Prozent, eine Energieeinsparung in der gleichen Höhe und eine Zunahme regenerativer Energien von ebenfalls 20 Prozent bis 2020 ausgesprochen. In Schleswig-Holstein sollten wir unseren Beitrag dazu leisten. Welche Szenarien sich bewahrheiten werden, können wir nicht absehen, erst der Einblick in längere historische Zeiträume erlaubt jedoch eine Relativierung und Bewertung der Prognosen, wie die Entwicklung der schleswig-holsteinischen Küsten seit der letzten Eiszeit zeigt.

7. Glossar

Anwachs

Schlickiger Sedimentations- und Wuchsbereich erster Salzpflanzen wie Queller und Andel zwischen Watt und geschlossenem Vorland.

Beaufort-Skala

Windstärkenskala mit 13 verschiedenen Stärkegraden (Bft). Die Skala wurde 1896 durch den englischen Admiral Sir Francis Beaufort eingeführt und 1949 um fünf Stärkegrade erweitert.

Brandung

Überstürzen von Brechern (Branden) der auf das Festland zulaufenden Meereswellen in der Brandungszone.

Deich

Dammartiger Erdwall entlang der Küstenlinie zum Schutz des Landes. Seedeich: Deich an der heutigen Küstenlinie (direkt an die See grenzende Deiche ohne Vorland werden Schardeiche genannt); Schlafdeich: alte Deichlinie im Binnenland; Sommerdeich: Deich, der nur gegen sommerliche Sturmfluten schützt; Winterdeich: ganzjährig schützender Deich.

Deichkrone

Oberer Abschluss des Deiches.

Deichfuß

Unterer Abschluss des Deiches.

Ebbe

Das Fallen des Wasserspiegels im Gezeitenmeer vom Tidehochwasserstand zum Tideniedrigwasserstand.

Fething, Feting

Mit Klei abgedichtetes, bis in den Untergrund reichendes großes Wasserloch in der Mitte der Warft zur zentralen Wasserversorgung für das Vieh. Vom Fething führen Rohre zu Soden als Wasserzisternen. Ferner besteht eine Zuleitung zu einem großen Wasserauffangbecken am Rande der Warft, dem Scheetels.

Flachsiedlung

hier: zu ebener Erde in der unbedeichten Marsch angelegte Wohnplätze.

Flut

Steigen des Wasserspiegels im Gezeitenmeer vom Tideniedrigwasserstand zum Tidehochwasserstand.

Förde

In der Eiszeit entstandenes U-förmiges Gletscherzungental, das sich in der Nacheiszeit mit Wasser füllte.

Geest	Höherliegendes Gebiet eiszeitlicher Ablagerungen (Mergel, Sande, Kiese).
Gezeiten, Tiden	Schwingungen des Wassers der Ozeane und Randmeere der Erde unter Einwirkung der Anziehungskräfte von Sonne, Mond und Erde.
Hallig	Kleine unbedeichte Marschinsel im Wattenmeer, die bei Sturmfluten überflutet wird. Die Halligen sind heute von niedrigen Sommerdeichen umgeben.
Hochwasser	siehe unter: Flut.
Höftland	Durch Meeresablagerungen (Sande, Tone, Kiese) gebildete Strandwallplatte.
Hydrologie	Wissenschaft vom Wasser und seinen Eigenschaften (Gewässerkunde).
IPCC	International Panel on Climate Change. Das IPCC wurde 1988 von der World Meterological Organisation (WMO) eingesetzt, um die Klimaerwärmung zu untersuchen. Das IPCC betreibt keine eigene wissenschaftliche Forschung, sondern bedient sich der veröffentlichten wissenschaftlichen Literatur. Seine Berichte erstellen im Weltklimaforschungsprogramm (WCRP) tätige Wissenschaftler. Internet: www.ipcc.ch.
Klei	Klei- oder Marschboden aus Ablagerungen (Sanden, Tonen) des Meeres.
Kliff	Durch Abbruch infolge von Wellenschlag, Brandung und Strömung entstandenes Steilufer am Geestrand.
Klima	Mittlerer Zustand des Gesamtablaufs der meteorologischen Erscheinungen während eines langen Beobachtungszeitraums an einem Ort.
Koog	Durch einen Deich geschützte Marsch.
Küste	Übergangsgebiet vom Land zum Meer, an der Nordseeküste Grenze des landwärts reichenden Tideeinflusses.
Küstenlinie	Berührungslinie zwischen Land und Meer.
Küstenschutz	Technische Maßnahmen zum Schutz der Küste durch den Bau von Deichen, Sperrwerken, Lahnungen oder Sandvorspülungen.

Kulturspuren	hier: Zeugnisse menschlicher Kultur im Wattenmeer wie Warften, Deiche, Flurformen, Entwässerungsgräben oder Siele.
Marsch	Boden aus Ablagerungen des Gezeitenmeeres (Seemarsch) und der Tideflüsse (Brackmarsch).
Meeresspiegelanstieg	allmähliches Anheben des Meeresspiegels gegenüber dem Festlandsniveau.
Mittleres Tidehochwasser (MThw)	Mittlerer Tidehochwasserstand als Mittelwert der Tidehochwasserstände.
Moräne	[französisch] Vom Gletscher mitgeführter Gesteinsschutt. Je nach der Lage zum Gletscher unterscheidet man Grund-, Seiten- und Endmoränen.
Nehrung	Von der küstenparallelen Tideströmung und Brandungsströmung aufgeschütteter langgestreckter, schmaler Sand- oder Kieswall, auf dem Dünen aufwachsen können.
Normalnull (NN)	Im Jahre 1879 amtlich festgelegte Bezugsebene für alle Höhenmessungen in Deutschland, die dem damaligen Meeres-Mittelwasserspiegel am Amsterdamer Pegel entspricht.
Niedrigwasser	siehe unter: Ebbe.
Orkan	Außergewöhnlich starke Luftbewegung der Stärke 12 Beaufort (siehe dort).
Pegel	Ortsfeste Wasserstandsmessanlage. An der Deutschen Nordseeküste wurde 1935 das Pegelnull als Nullstand aller Pegel eingeführt, der auf einer Tiefe von NN −5 m liegt.
Priel	Wasserrinne im Watt, die auch bei Tideniedrigwasser noch Wasser führt.
Regression	Weitflächiger Rückzug des Meeres.
Sandbank	Durch Brandung und Strömung aufgehöhte Sandablagerung, die den mittleren Tidehochwasserstand überragt.
Schardeich	Direkt an das Meer grenzender Seedeich ohne Vorland.

Schlick	Schluffig-tonige Ablagerungen (Sedimente) des Meeres.
Sedimente	An der Nordsee Ablagerungen des Meeres in Form von Sanden, Schluffen und Tonen.
Siel	Durchlasswerk im Seedeich für ein Gewässer oder einen Sielzug. Schließt sich bei Flut durch den Wasserdruck und öffnet sich bei Ebbe. Siele entwässern die eingedeichte Marsch.
Steilküste	Küstenabschnitt, bei dem das Meer auf das steil aufragende Festland, in Schleswig-Holstein auf die Alt- und Jungmoränen trifft. Oft bildet sich infolge der Kliffabtragung vor der Steilküste ein Sand- bzw. Kiesstrand.
Stackdeich	In der frühen Neuzeit errichteter Deich mit einer Holzbohlenwand zur See hin. Stackdeiche entstanden in der frühen Neuzeit überall dort, wo es kein Vorland gab.
Strand	Flacher Küstenstreifen aus Sand, Kies oder Geröll im Wirkungsbereich der Gezeiten und Wellen.
Strandwall	Durch Brandung aufgeworfener, grobsandig-kiesiger Wall im Übergang vom trockenen zum nassen Strand.
Sturmflut	Durch Windkräfte ausgelöster Sturm mit hohen Wasserständen und Wellen an der Küste.
Tidedauer	Zeitspanne zwischen Tideniedrigwasser und Tidehochwasser.
Tide	Zeitraum, der zwischen ablaufendem (Ebbe) und auflaufendem (Flut) Wasser vergeht.
Tidenhub (Thb)	Mittlerer Höhenunterschied zwischen Tidehochwasser und den beiden folgenden Tideniedrigwasserständen.
Thermohaliner Zyklus	Kombination von Meeresströmungen, die sich zu einem globalen Kreislauf vereinigen. Der Antrieb wird durch Temperatur- und Salzkonzentrationsunterschiede innerhalb der Weltmeere hervorgerufen.

Transgression	Großflächiger Vorstoß des Meeres.
Uferwall	Durch Meeres- oder Flussablagerungen im Gezeitenbereich aufgehöhter Marschrücken.
Vorland	Zwischen dem Seedeich und der Küstenlinie liegendes Land.
Warft, Wurt	Durch künstliche Aufträge aus Klei, auch aus Mist aufgehöhter Siedlungshügel in der Marsch, in Nord- und Ostfriesland Warften oder Warfen, in Dithmarschen Wurten genannt. Nach der Größe lassen sich Hof-, Groß- und Dorfwarften unterscheiden.
Warmzeit	Langandauernde Warmphase der Erdgeschichte zwischen den Eiszeiten.
Watt	Flaches Übergangsgebiet zwischen Festland und Meer an einer Gezeitenküste, das im Verlauf der Gezeitenbewegung abwechselnd mit Wasser überdeckt wird und trockenfällt. Das Bodenmaterial besteht aus Tonen, Sanden oder Schluffen.
Wattstrom	Hauptwasserlauf im Watt, siehe auch Priel.
Welle	Schwingung der Wasseroberfläche (Seegang) infolge der Einwirkungen des Windes.
Wetter	Augenblickliches Verhältnis der Atmosphäre in einer bestimmten Region.
Wind	Durch die unterschiedlichen Temperaturen der Erdoberfläche und der Luftschichten ausgelöste Luftströmung.

8. Literaturhinweise

Søren H. Andersen, Dänemarks Steinzeit am Meeresgrund. Eine aktuelle Übersicht. Archäologische Nachrichten aus Schleswig-Holstein, Heft 11, 2000, S. 117–124.

Bericht des Landesamtes für Wasserwirtschaft Schleswig-Holstein, Ministerium für Ernährung, Landwirtschaft und Forsten – Landesamt für Wasserwirtschaft Schleswig-Holstein, Die Sturmflut vom 16./17. Februar 1962 an der schleswig-holsteinischen Westküste. Die Küste, Heft 1, 1962, 55–80.

Sönke Hartz u. Gerd Hoffmann-Wieck, Küstenbesiedlung und Landschaftsentwicklung im 5. Jahrtausend v. Chr. am Beispiel des Oldenburger Grabens in Ostholstein. In: Kelm, R. (Hrsg.), Vom Pfostenloch zum Steinzeithaus. Archäologische Forschung und Rekonstruktion jungsteinzeitlicher Haus- und Siedlungsbefunde im nordwestlichen Europa, Heide 2000, S. 70–87.

Heinrich Freistadt, Die Sturmflut vom 16./17. Februar 1962 in Hamburg. Die Küste, Heft 1, 1962, 81–92.

Walter Hauser (Hrsg.), Das Experiment mit dem Planeten Erde (Stuttgart 2003).

International Panel on Climate Change (IPCC), Climate Change 2001. The Scientific Basis. Contribution of Working Group I to the Third Assessment Report of the Intergovernmental Panel on Climate Change. Hrsg. von Houghton, J. T., Ding, Y., Griggs, M., Noguer, M., van der Linden, P. J. u. Xiasu, D., Cambridge University Press – Cambridge 2001.

Jürgen Hoika, Die Bedeutung des Oldenburger Grabens für Besiedlung und Verkehr im Neolithikum. Offa 43, 1986, S. 185–208.

Rüdiger Glaser, Klimageschichte Mitteleuropas. 1000 Jahre Wetter, Klima, Katastrophen, Darmstadt 2001.

Kay Peter Jankrift, Brände, Stürme, Hungersnöte. Katastrophen der mittelalterlichen Lebenswelt, Ostfildern 2003.

Heinz Kiecksee, Die Ostseesturmflut 1872. Schriften des Deutschen Schifffahrtsmuseums Bd. 2, Heide 1984.

Johann Kramer, Kein Deich, Kein Land, Kein Leben. Geschichte des Küstenschutzes an der Nordsee, Leer 1989.

Johann Kramer u. Hans Rhode (Hrsg.), Historischer Küstenschutz. Deichbau, Inselschutz und Binnenentwässerung an Nord- und Ostsee, Stuttgart 1992, 1–16.

Dirk Meier, Bauer, Bürger, Edelmann. Stadt und Land im Mittelalter, Ostfildern 2003.

Dirk Meier, Die Nordseeküste. Geschichte einer Landschaft, Heide 2006.

Jutta Meuers-Balke, Siggeneben-Süd. Ein Fundplatz der frühen Trichterbecherkultur an der holsteinischen Ostseeküste. Offa-Bücher 50, Neumünster 1983.

Ministerium für Ernährung, Landwirtschaft und Forsten, Die Sturmflut vom 16./17. Februar 1962 an der schleswig-holsteinischen Westküste. Die Küste, Heft 1, 1962, S. 55–80.

Marcus Petersen u. Hans Rhode, Sturmflut. Die großen Fluten an den Küsten Schleswig-Holsteins und in der Elbe, Neumünster 1977.

Bernd Probst, Küstenschutz – früher und heute. In: Landesamt für den Nationalpark Schleswig-Holsteinisches Wattenmeer u. Umweltbundesamt (Hrsg.): Umweltatlas Wattenmeer. Bd. I Nordfriesisches und Dithmarscher Wattenmeer, Stuttgart 1998, S. 152.

Bernd Probst, Generalplan Küstenschutz. Ebd. S. 153.

Bernd Probst, Künftiger Küstenschutz. Ebd. S. 156.

Christian Pfister, Klimageschichte der Schweiz 1525–1860. Das Klima der Schweiz von 1525–1860 und seine Bedeutung in der Geschichte von Bevölkerung und Landwirtschaft. 2 Bde., Bern 1984.

Hans von Storch, Veränderliches Küstenklima – die vergangenen und zukünftigen 100 Jahre. In: Fansa, M. (Hrsg.), Kulturlandschaft Marsch. Natur – Geschichte – Gegenwart. Schriftenreihe des Landesmuseums für Natur und Mensch 33, Oldenburg 2005, S. 229–245.

Peter Wieland, Küstenfibel. Ein Abc der Nordseeküste. Heide 1990.

Internet

Alfred-Wegener-Institut für Polar- und Meeresforschung: www.awi.de
Institut für Küstenforschung der GKSS: www.gkss.de
International Panel on Climate change: www.ipcc.ch
Küstenarchäologie/Landschaftsentwicklung: http://home.arcor.de/coastal-archaeology

Anschrift des Autors:

Dr. Dirk Meier
Nordstrander Str. 3
25764 Wesselburen
E-Mail: Dr.Dirk.Meier@t-online.de
Internet: http://home.arcor.de/dr.dirkmeier